中韩古典隐居园林空间
比较研究

闵歆乐　著

中国建筑工业出版社

目录

1 中国和韩国的隐逸文化

1.1 中韩"隐士"的概念

"隐士"在词典中的释义是：①旧指隐居的人。②借指因对某事物不关心或因厌倦表示沉默而不出头露面者。③指有条件、有机会担任领导职务而不担任，或已经担任领导职务却辞退的在某一学科有一定影响的学者。这个解释是对隐士所呈现出的客观状态的描述，而没有分析或探寻隐士隐逸的深层动机。

历史上关于"隐士"的解释和记录非常丰富，相似意义上的用语从很久以前开始就在广泛使用。中国著名学者蒋星煜在 1992 年出版的著作《中国隐士与中国文化》中提出将以往文献中出现的与"隐士"含义相似的概念统一为"隐士"，其中包括隐士、高士、处士、逸士、幽人、高人、处人、逸民等 11 个概念。[1]

在有文字记载的历史上，《易经》中最早出现"隐士"的概念："不事王侯，独善其身"[2]，即有能力为官，却拒绝为官、坚守对自我的追求的人。《旧唐书·隐逸传》曰："所高者独行，所重者逃名。"[3] 意思是隐士们是一群不求名、不求利、重视道德的人。《南史·隐逸传》云：隐士"须含贞养素，文以艺业。不尔，则与夫樵者在山，何殊异也"[4]，将隐士的生活与山野中的樵夫和四处漂泊的商人区分开来。

现代中国的代表汉学家傅焘对"隐士"的定义如下："第一，隐士普遍具有较高的学识和声誉，在社会上具有一定的影响力。第二，隐士与统治者之间有或多或少交往，主要包括辞官隐居或拒绝朝廷的应召。第三，隐士一般居住在深山中，呈现给外界是幽居致学状态。"[5] 但隐士的居住环境不只有深山，还包括城市或城市近郊。

相较之下澳大利亚汉学家文青云对"隐士"的定义相对全面："对于隐逸而言，关键的要素是自由选择：不管一个隐士是出于什么理由而出世，也不管他最终采取了

---

1 蒋星煜 . 中国隐士与中国文化 [M]. 上海：上海书店，1992：1.

2 周振甫译注 . 周易译注 [M]. 北京：中华书局，2018：71.

3 （后晋）刘昫等编撰 . 旧唐书·卷一百九十二 [M]. 北京：中华书局，1975.

4 （唐）李延寿编撰，周国林等校点 . 南史 [M]. 长沙：岳麓书社，1998：1069.

5 傅焘 . 魏晋南北朝正史《隐逸传》研究 [D]. 湖南师范大学，2014：5-11.

一种什么生活方式，只有当他的行为是遵循某种道德选择而不是迫于环境的压力，他才可以当之无愧地被称为隐士。"

"隐士"之所以不能给以一个较为统一的定义，其原因是"隐士"实际上是现代学者对如高士、处士、逸士、幽人等多种概念的统称。但一部分学者望文生义理解成狭义的"隐士"，特别是将其局限于"士"，即作为隐士，首先必须是"士"。但其实很多隐士都非"士"，比如宗教隐士。而宗教隐士被忽略的原因之一是宗教在中国社会历史上没有获得过政治统治权，所以人们一般都不探讨隐士文化的宗教性源头。

由上可知，在中国，隐士包括高士、处士、逸士、幽人、高人、处人、逸民、遗民、隐者、隐居、隐君子等概念；隐士并不是单纯避世，最主要的是他们避世的背后所代表的，是对更高的道德标准和不同于世俗的人生理想的追求，而单纯避世的人并不属于隐士；隐士不只局限于"士"，同时还应包括宗教隐士。

与中国类似，韩国文献中有关"隐士"的概念也包含着多重含义，主要有处士（처사）、隐士（은사）、隐逸（은일）、遗逸（유일）、逸士（일사）、逸民（일민）、山林（산림）、儒贤（유현）等。但隐士多指处士，"处士"是指放弃官职、隐居不仕之人。[1]

韩国的隐士也是独特的社会阶层，但不包括宗教隐遁。对于隐士来说，"隐"不是宗教的抛弃世俗或对特定事情的逃避，还被用作与出仕形成对比的概念。因此，他们想要实现的"道"始终是以社会组织为基础的目标[2]，由此可知隐士和宗教隐遁者的区别。

韩国的隐士文化不是无条件逃避或否定现实，而是源于想要创造更美好现实的欲望。不管是隐居于政界，还是隐居于自然，也不管什么时刻，都把国家的兴亡当作自己的责任，即使不做官也要坚守士大夫的思想。为了逃避而进行的隐居，是没有意义的隐居，也不能称为隐士。[3]因此，韩国的隐士不仅仅是隐居的士人，也并不是单纯否定现实的人，而是要坚定地守护士大夫思想的拥有高尚品格的隐居士人。

除此之外，韩国学者杨子（양자）认为要成为"隐士"，第一，需要具有士人和

1 김태수 . 조선시대 은거선비들의 산수경영과 이상향 [D]. 고려대학교, 2009：27.
2 이주희 . 詩品의 風格과 韓國 隱士文化의 建築 [D]. 가천대학교, 2016：92.
3 이주희 . 詩品의 風格과 韓國 隱士文化의 建築 [D]. 가천대학교, 2016：102.

儒者的性质，并且是守护"士"之道和价值的人；第二，要具备积极改变社会，实现大道的责任感。第三，如果需要为官，就一定要出仕；但如果不当时，就隐居起来，专心致学、培养后辈。[1]由此可知韩国的隐士是为了守护士之道，出仕是被鼓励的行为。

总体来看，在韩国，第一，隐士首先得是"士"；第二，隐士是处士、隐士、隐逸、遗逸、逸士、逸民、山林、儒贤等概念的统称；第三，不同于宗教的隐遁者，隐士并不是逃避世俗的士人，而是为了守护士大夫的义理而隐居的士人。

从对中韩"隐士"的定义综合比较可知，中韩"隐士"的不同点是中国的"隐士"包括士人和宗教性质的隐者，但韩国的隐士是指隐居的士人，其必须具备"士"的身份。[2]中韩"隐士"的共同点包括：①隐居的士人；②不是逃避灾祸、远离世俗，而是为了坚守义理而主动放弃世俗所重视的名与利。

1.2 中韩隐士文化研究现状

在中国近现代史上，"隐士文化"被视为是与时代格格不入的文化。蒋星煜认为"隐士"思想不合时宜，落后于时代。[3]陈独秀强调，年轻的知识分子不能像隐士一样遁世退隐，只有积极参与民族生存的斗争，中国才不会灭亡。[4]鲁迅专门撰文批判隐士，谴责隐逸文化[5]。他认为那些为人所知的隐士并不是真正的隐士，他们并不是被大家偶尔发现，"隐士"对于他们来讲是一个谋生手段，用以吸引他人的注意力。

但到了现代，许多知名学者开始为"隐士"正名。如澳大利亚的汉文学家Verwoom（1945–）提出："在过去的世纪中，隐士在中国哲学、诗歌和历史中都扮演了显著的角色。但是现代学者，无论是东方的还是西方的，对他们都明显缺少关注。中国学者倾向与把隐逸看作是社会衰败的征兆，是一种自欺和虚伪的表现。""通过对隐逸的理念和实践的研究，可以加深理解传统中国文化中关于个人及个人责任的概

1　양자. 조선시대 隱士文化 와 山水園林 의 상호관계에 대한 연구 [D]. 성균관대학교，2017.

2　王国胜. 隐士和隐逸文化初探 [J]. 晋阳学刊，2006（3）：66-68.

3　蒋星煜. 中国隐士与中国文化 [M]. 上海：上海书店，1992.

4　《敬告青年》是陈独秀为自己主编的《青年杂志》撰写的发行词，于1915年9月15日刊登在《青年杂志》第1卷第1号上。

5　鲁迅. 鲁迅全集第六卷·且介亭杂文二集·隐士 [M]. 北京：人民文学出版社，2005.

念，以及个人在其中寻找自我的社会政治秩序的性质。"[1]

虽然韩国对"隐士"的批判没有像中国近代一样强烈，但对隐士文化的学术关心的缺乏和研究现状的不足也是显而易见的。

1.3 隐逸的哲学基础

隐士文化哲学基础的形成是在春秋时期，而它的产生则是受到了以孔子为首的儒家和老庄为首的道家，以及佛教和道教的宗教影响。而正是在这些学派和宗教的影响下，隐士文化才在中国大地上生根发芽，最终形成了独立的文化派别，并向韩日等国家传播开来。

1.3.1 儒家隐逸思想

儒家思想对中国传统文化的发展有着非常长久和深远的影响。作为儒家鼻祖，孔子对中国隐士文化有着非常重要的理论和实践影响。孔子非常强调社会伦理关系，强调君臣大义，"长幼之节，不可废也；君臣之义，如之何其废之？欲洁其身，而乱大伦。君子之仕也，行其义也。"（以下均见《论语》）"父父，子子，君君，臣臣。"在这样的理论基础上，孔子理应是不赞同隐居的。但是在经历过多次失败后，孔子发现，在政治昏暗的社会里，一味进取是非常危险的，有时候很可能会损害大义，于是孔子说："道不行，乘桴浮于海。""邦有道则仕，邦无道则可卷而怀之。""邦有道，危言危行；邦无道，微行言逊。""邦有道，不废；邦无道，免于刑戮。""邦有道则智，邦无道则愚。""危邦不入，乱邦不居，有道则见，无道则隐。"都是在说若是没有遇到一个政治清明的国家，隐居未尝不是一个好的方法。但孔子这里所说的隐居，避祸是次要的，"存义"即坚守道义志向才是最主要的目的，即"隐居以求志，行义以达其道"。

隐居为存义就会导致贫困，但孔子认为坚守道义而导致的贫穷并不可耻反而高

---

[1] 刘青云.岩穴之士：中国早期隐逸传统 [M].济南：山东画报出版社，2009：10.

尚。孔子表彰过逸民，伯夷、叔齐、虞仲"不降其志，不辱其身"，孔子还说："君子固穷，小人穷斯滥矣。""子忧道，不忧贫。""君子居之，何陋之有！"甚至当他已至暮年时，也依旧坚守道义，乐道而忘贫："发愤忘食，乐而忘忧"，不知老之将至。

孔子虽然赞成隐居，但他并不支持完全从社会生活中退出的隐逸，他所支持的隐逸是进行养志修身以更好地回到社会生活中进行政治改革。他所要避开的是无道的政治，而不是人类社会。所以他说："士而怀居，不足以为士矣。""鸟兽不可与同群，吾非斯人之徒与而谁与？天下有道，丘不与易也。"这也是儒家隐逸和道家隐逸根本上的不同之所在。

虽然说隐居并不是孔子思想的最终目的，但是如果没有隐居，孔子的"死善道"的主张就可能遭到政治阻挠而不能一以贯之。这样看来，隐居实在是孔子思想中一个不可或缺的重要环节，与出仕相辅相成。[1]

1.3.2 道家隐逸思想

隐士文化和道家思想有着非常直接的关系。"隐士"一词最早出自于道家的代表性人物庄子的著述："古之所谓隐士者，非伏其身而弗见也。"[2] 道家的代表性人物有老子、庄子、列子、河上丈人等。他们总是选择尊重无为和自然、避世、自我修养的生活方式。道家式的隐逸思想可以分为老子和庄子的隐逸思想，两者的思想是一脉相承的，但又略有不同。

（1）老子的隐逸思想

老子追求的道不同于儒家的"仁道"，而是"天道"，他所关注的是保持个人生命的淳朴自然，所以老子重"生"。也就是说，人只有保证自己的生命不被世俗事物所侵害，才能保持生命的淳朴自然，而这并不仅仅是避难。而要保命，则应顺应天意，"功成弗居天之道""反者道之动""道隐无名"，都是在将真正的道指向隐居，这也不难看出道教思想与隐士思想的紧密联系了。同时他也认为文明社会的价值观对于

---

1 陈连山. 隐居在中国文化经典中的理论依据 [J]. 中原文化研究，2017，5（1）：8.
2 《庄子·缮性》

保持生命的淳朴自然是有害的："使我介然有知，行于大道，唯施是畏。大道甚夷，而民好径。朝甚除，田甚芜，仓甚虚；服文彩，带利剑，厌饮食，财货有余；是谓盗夸。非道也哉！"[1]

老子"君子得其时则驾，不得其时则蓬累而行"的思想也与孔子"邦有道则仕，邦无道则可卷而怀之"的思想有异曲同工之妙。

（2）庄子的隐逸思想

庄子与老子的思想一脉相承。众所周知，道家思想与隐士思想有着非同寻常的关系，庄子的学说是典型的避世隐逸的学说[2]。庄子哲学与老子相似，强调"存身"的重要性，认为保持人类最淳朴的本性才是最重要的，仁义、名、利、家、国，都会伤害到人类的本性，尤其是名利，它不仅会伤害到人的本性，而且对人类也是无意义的。所以庄子认为人们应当重"生"而轻"名、利"。

庄子说："当时命而大行乎天下，则反一无迹；不当时命而大穷乎天下，则深根宁极而待：此存身之道也。"这句话看似与孔子"邦有道则仕，邦无道则可卷而怀之"相似，但其实，庄子认为人类文明的诞生就已经破坏了原有的天道秩序。"逮德下衰，及燧人、伏羲始为天下，是故顺而不一。德又下衰，及神农、黄帝始为天下，是故安而不顺。德又下衰，及唐、虞始为天下，兴治化之流，浇淳散朴，离道以善，险德以行，然后去性而从于心。心与心识知而不足以定天下，然后附之以文，益之以博。文灭质，博溺心，然后民始惑乱，无以反其性情而复其初。"[3]所以"当时命"只是一个不能成立的假设。[4]同时他也认为人类社会的文明制度只是束缚人的天性："夫埴，木之性，岂欲中规、矩、钩、绳哉！"[5]

除此之外，庄子对于孔子所称赞的隐士的典范伯夷、叔齐，以及孔子本身的隐逸方式都表示反对："伯夷死名于首阳之下，盗跖死利于东陵之上。二人者，所死不同，其于残生伤性均也。"但这不仅仅是为了保生，更是为了保存人的生命本性，亦是遵循"天道"。

中国的道家隐逸思想代表性人物有竹林七贤和陶渊明等。

1　《道德经》第五十三章
2　何鸣.遁世与逍遥：中国隐逸简史 [M].兰州：敦煌文艺出版社，2006：32.
3　《庄子·缮性》
4　何怀宏.孔子与隐士 [J].读书杂志，1994（4）：62-65.
5　《庄子·外篇·马蹄》

1.3.3　禅宗隐逸思想

　　中国学者往往忽视宗教对隐士文化的影响，以及宗教与隐逸的关系。儒道家都十分看重隐居对于道德和政治的意义，而从未谈到隐居的宗教性意义。而在整个中国历史上，宗教从来没有获得过像中世纪欧洲基督教会那样全面统治的地位。这可能导致了中国人对于追寻隐居文化的宗教性源头的忽视，更影响到后来学者对于宗教信徒隐居理论的忽视。

　　道教发展于东汉时期，由于受到了道家思想的影响，人类生命本身被看作最根本的价值，所以以道家著作为修习指导经典的道教认为长生不老术是他们关心的终极价值。要成道长生，就必须要到名山大川，有神灵居住、神秘的地方去，那里必定人迹罕至，故若要在那样的环境下修炼，只能远离世俗社会而隐居。[1]

　　佛教创始人释迦牟尼也曾经在檀道山修道，森林中悟道，最后在菩提树下得道成佛。佛教的四大皆空，对于世俗生活是予以否定的，特别是将人类的欲望视为一切痛苦的来源。所以必须要远离世俗社会才能更好地进行佛教的修行，于是隐居也是必然的。

　　禅宗对于隐士文化的发展起到了非常大的作用。在唐代，由于君王对道家与佛家重视，两种宗教文化相互融通，互相学习，形成了中国本土佛教宗派——禅宗。[2]由于道家本身对隐士文化的发展有着非常巨大的影响，而受到道家影响而产生的禅宗则能非常容易地被向往隐居生活的文人们所接受，并由原有的隐逸方式发展出新的方式，例如白居易的"中隐"、王维的"半官半隐"。

　　禅宗所追求的是"内外不住，去来自由，能除执心，通达无碍"[3]（对内境和外境都不能执着，来去自由，能够去除执着之心，就能通达而无阻碍），就是超越尘世的同时却又不离世的心灵自由。因此，通过放弃世界的名誉和利益，使心灵处于虚静平和与无知无识的状态，与完全抛弃尘世的庄子思想及此后道家观念存在明显差异。[4]

1　陈连山. 隐居在中国文化经典中的理论依据 [J]. 中原文化研究，2017，5（1）：8.

2　任晓红，喻天舒. 禅与园林艺术 [M]. 北京：中国言实出版社，2006：7-19.

3　《六祖坛经·般若》第二节

4　孙乾. 王维隐逸思想中的审美意识研究 [D]. 西安电子科技大学，2017.

1.3.4 中韩隐逸思想比较

（1）中国的隐逸思想

在中国古代社会中，之前提到的三种隐逸思想都占据了非常重要的地位。因为儒道释作为中国传统文化的哲学基础，它们对中国各类传统文化都有很大的影响，而且它们的影响往往是同时发生的，对隐逸文化的影响也是一样，隐士们大多都是在多种隐逸思想的影响下来完善自身的"隐逸"。如儒家隐居的目的是全道，但是儒家学派的文人隐士们也需要借助道家的隐逸思想让自己从对于世俗的失望与不满的情绪中释放，学会与自然相处，享受当下的生活。虽然道家隐士崇尚自然，向往原始、自然的生活状态，但作为士人，他们很难完全舍弃世俗，所以他们虽远离世俗，但依旧保有着忧国忧民的儒家士大夫的品质。而禅宗隐逸思想的作用是让隐士们抛去外在事物对于精神的束缚，专注于内心的隐逸，从而找到与自身相契合的隐居方式。

（2）韩国的隐逸思想

朝鲜时期的儒家思想，尤其是朱子的性理学占据了主导地位，也反映在隐士文化中。隐士主要是指隐居的儒士（유사）或书生（선비）即中国的士人，从韩国文献中可以看出"仕"对于士人们的重要性，他们认为只有在出仕时义受损的情况下才具有隐居的必要性。

李珥[1] 在《石潭日记》（석담일기）中的"万历四年丙子"中认为士人的"出处"并不卑贱。君子的愿望是辅助君王、惠及百姓，因为言不通，道也不行，所以不得不退却，而不是退却的本意（士之出处，非苟然也。致君泽民，君子所愿，而言不用道不行，故不得已而退焉。退，非素志也）[2]

洪大容[3] 在《石居小记》（석거소기）中主张，士大夫如果遇不上合适的时机，就只能隐居起来了（士大夫不遇于时则隐而已），即士大夫隐居或入仕，取决于逢不逢时。[4]

1　李珥（이이，1536 ~ 1584），朝鲜前期的学者和文臣，致力于研究学问、培养后辈，留下了概括朱子学核心观点的《性学集》等儒学著作。
2　한국고전번역원，1971.https：//db.itkc.or.kr/.
3　洪大容（홍대용，1731 ~ 1783），朝鲜后期著名的儒学家和实学者，曾出使中国，接触中国文化和西方文化，并受到了很大的影响。
4　한국고전번역원，1974.https：//db.itkc.or.kr/.

而韩国对道家隐逸思想的负面评价可以在许筠（허균，1569～1618年）的《闲情录》（한정록）的序言看出。许筠评价隐士的隐居：

士人出仕后，怎能因为官场脏而放弃做官，躲去山林里生活呢？只是因为其道与世俗不符，命运与时代相逆，所以有人以高尚为借口逃避世界，其意也是悲壮的．（선비가 세상에 나서 어찌 벼슬을 더럽다 하여 버리고 산림에서 오래 살기 를 바라겠는가．다만 그 도가 세속과 맞지 않고，그 운명이 때와 어긋나므로 고상함을 빌미로 세상을 피한 자가 있는데，그 뜻 역시 비장한 것이다）[1]

1.4 中韩隐士文化的形成

1.4.1 中国隐士文化的形成 [2]

（1）史前时期——先秦时期

隐逸文化几乎与中华文明同时诞生。最早使用"隐逸"一词的《易》传说是伏羲氏仰观天文、俯察地理、近取诸身、远取诸物、长期观察的结果，而在它之后数年到黄帝时期才有了在古书上记载但尚未得到充分考证的隐士人物许由、巢父[3]以及善卷（《庄子》）。他们的故事都和让王有关系，当时尧、舜要让贤于三人，但都被直截了当地拒绝了。他们拒绝首先是因为他们认为一人专制的治理国家模式等于抹杀生活的多样性，并不利于百姓的生活。其次他们看到了当王的辛苦，并将当国君看成一个极大的灾难。可考史料记载的最早隐士是商代的伯夷和叔齐[4]，其事迹散见于《论语》《史记》《庄子》等文献。直到春秋战国时期才有了大量关于隐士文化的记录，同时在此一时期百家争鸣，各种思想相互碰撞，隐逸文化也得到了很大程度的发展，奠定了中国隐逸文化的哲学基础。

1　허균 지음，민족문화추진회 엮음．한정록 [M]．서울：솔 출판사，1997：10-14.
2　参考：何鸣．遁世与逍遥：中国隐逸简史 [M]．兰州：敦煌文艺出版社，2006：50-72.
3　许由和巢父是中国古代传说中的圣君尧帝时代的高士。尧帝欲将帝位传给许由，许由听闻此话觉得耳朵被污染，因此来到颍川洗耳。巢父牵牛到河中饮水，得知缘由，认为许由若真不想被人找到，完全可以隐居深山，而不是在这里故弄玄虚，遂觉得水被污染，牵牛离去。之后许由便隐居箕山。
4　伯夷和叔齐是殷代孤竹君的儿子，因互相谦让王位而逃走。周朝推翻商朝，两人拒绝吃周朝的食物，躲进首阳以蕨菜为生，最终饿死（《史记·伯夷列传》）。

（2）秦汉三国时期（前221 ~ 公元219年）

秦朝时隐逸文化有短暂的停滞，但在汉代又得到了恢复并发展，出现了"朝隐"等新的隐逸形态。秦朝是中国历史上第一个大统一的集权封建制国家，秦始皇更是为了巩固权力而"焚书坑儒"，限制文人的自由活动，由此造成了隐士文化的短暂停滞。但秦朝历史非常短暂，到了汉代，西汉皇帝吸取了秦朝暴政的教训，开始放松政策，提高文人的地位，给予他们一定的思想自由，但却限制他们的人身自由，要求文人必须为政府做事。在这个背景下诞生了"朝隐"这一新型的隐居形态。所谓的朝隐是指隐士虽然在朝廷占有一席之地，但却过着平静生活的隐居形态，代表人物是东方朔 [1]。东汉时期，皇帝非常重视隐士，"兴灭国，继绝世，举逸民，天下之民归心焉"，大量举用隐士为官，与此同时大量非隐士假扮隐士进入朝廷，这也就有了所谓"终南捷径"的说法。此一时代是中国历史上隐士发展繁荣的时代，出现了如严光、樊英、徐稚、姜肱等著名隐士。

（3）魏晋南北朝时期（220 ~ 580年）

魏晋南北朝时期是隐逸文化的巅峰期，玄学文化成为主流，隐逸方式多样化。"汉末魏晋六朝是中国政治上最混乱、社会上最苦痛的时代，然而却是精神史上极自由、极解放、最富于智慧、最浓于热情的一个时代。" [2] 这个时代也是隐逸文化急速发展、隐逸泡沫泛滥的时期。隐逸文化不再只是文人"高尚其事"的生活方式，而成为名门望族攀比、炫耀的一种手段。这个时期的政治极度昏暗，文人们大多已对政治彻底绝望，他们"非汤武而薄周孔，越名教而任自由"（嵇康《与山巨源绝交书》），通过老庄哲学来寻求人生的意义，且执政者对文人放松束缚，故隐逸文化在此一时期大放光彩。隐士的类型与隐逸的形式丰富多彩，"清谈"的隐逸活动，酒隐、学隐等隐逸形式就是出现在这个时期。代表性的隐士包括"竹林七贤"等 [3]。

（4）隋唐至五代十国时期（581 ~ 960年）

隋唐时代由于佛教的传入，禅宗的诞生，一种新的隐逸理论——"中隐"理论诞生，为后来隐居与园林提供了理论依据。受前朝影响，隋唐的君王们大多都对隐士们非常

1　东方朔(约前161年~前93年?)，西汉时期著名文学家、辞赋家，因未能在政治上实现自身价值，而欲归隐。但他反对"隐于市"或"隐于林"，认为"避世于朝廷间"，敢于直言进谏，不同流合污，保持自己的独立人格才是历史上隐士们所追求的理想状态。
2　宗白华. 美学散步 [M]. 上海：上海人民出版社，1981.
3　何鸣. 遁世与逍遥：中国隐逸简史 [M]. 兰州：敦煌文艺出版社，2006：22-40.

尊敬，给予隐士们很高的社会地位并为他们提供了较好的生活条件，于是便有了走"终南捷径"的卢藏用和大量"假隐士"。隐士文化开始向理论化发展，出现"小隐""中隐""大隐"[1]等隐逸理论。受到"中隐"的影响，"隐"与"仕"成为一种若即若离、分而兼通的状态。大量的隐士都是出现在中唐之后政治逐渐由盛转衰的时期，代表性的隐士包括白居易、卢鸿一、王维等。

（5）宋元时期（961 ~ 1367 年）

宋元时期，隐士的社会地位达到我国古代社会时期的最高，隐逸形式多样化，但假隐士泛滥，真隐士稀缺，因此隐士文化也逐渐没落。宋朝尚文，文人地位很高，而隐士们大多都是道德高尚、学识渊博的文人，所以这一时期朝野上下都弥漫着崇尚隐士的风气。隐逸文化繁盛，隐逸形态多样，如庄子式的隐士，"朝隐"，"学隐"，"亦官亦隐"，还有魏晋六朝任情恣性、狂逸怪诞类型的隐士，疯子乞丐式的隐士，去危图安，君子不事二朝，乐贫守亲，功成身退式的隐士，等等。但另一方面，一些假隐士看到了作为隐士的"好处"便纷纷借由此途径获取名利。"中隐"理论成了假隐士们的借口，这样一来，文人士大夫的相对独立精神实际上被慢慢消融掉了，随之而来的是对集权制度的适应能力。

（6）明清时期（1368 ~ 1911 年）

明清时期，中国社会向近代过渡，隐士文化趋向世俗化，"心隐"逐渐流行。"隐逸精神的世俗化，可以看作是隐逸精神近代化的一个先声。"明清时期隐逸文化走向世俗化，主要原因有三点：第一，明清加强的封建专制使得文人们专注于八股文，并未学到其他谋生的技能，故考试失败后，就只能攀附权贵，假借"隐士"之名是常用的手段。"真隐士"也由此看到了"隐逸"形式的无用性。第二，"心学"的兴起，使得"心隐"逐渐流行，即隐士们不再重视隐逸的形式。第三，晚明工商业发展，资本主义开始萌芽，隐逸精神逐渐走向世俗化。隐士们"已不愿归隐山林，而迁入城镇闹市，卖艺为生，变成了'市井奇人'"，但这并不是隐士文化的没落而是隐士文化发展到近代社会的一个新转折。

1　"小隐"和"大隐"出自东晋王康琚的《反招隐诗》："小隐隐陵薮，大隐隐朝市"（［南朝梁］萧统 . 昭明文选）。"中隐"出自白居易的《中隐》，表达了诗人想"兼济天下"却又不能尽其所能，只好成为"月俸百千官二品，朝廷雇我作闲人"的隐士。

（7）近代（1912 ～ 1949 年）

近代时，五四运动使得包括隐士文化在内的许多中国传统文化受到批判，"隐逸"被视为社会衰败的象征，但依旧有周作人、废名等坚定守护隐逸的精神价值。五四运动之后，中国掀起了狂热的向西方学习的热潮，以鲁迅、陈独秀等为首的先进知识分子试图全面涤荡中国传统文化的陈旧腐败。在这样的一种环境下，隐逸已不再是文人表达对社会不满的主流方式，但隐逸的文化因子却依旧烙印在中国文化的基因之中。隐居在庞杂的城市中似乎已成了近代隐士的新选择。五四运动所带来的社会动荡，促使产生了如周作人、废名之类近代隐士，他们想要从隐逸中寻找"独立的精神"，又由于深信"人类之不齐，思想之不能与不可统一"（《谈虎集》后记，1927 年），于是特别执着于独自走路。

1.4.2　韩国隐士文化的形成

（1）古朝鲜时期——新罗时期（？ ～ 935 年）

韩国的隐逸思想始于"檀君神话"："御国一千五百年，周虎王即位，以郊封箕子于朝鲜，檀君乃移藏唐京，后还隐于阿斯达，为山神，享寿一千九百八岁后回来。"[1]有关檀君的真实性有待考证，但韩国历史上真实存在的，第一位能被叫作隐士的人物是韩国汉学鼻祖崔致远（최치원，857-？）。在中国唐代时，崔致远曾被派遣出使中国，学习中国文化，他为此感到十分自豪。但事实上，在唐朝，崔致远不过是一个普通的外国人，在新罗也不过是六头品（육두품）的小官吏，于是他决定隐居伽倻山。崔致远的隐逸行为并不是为了守护士大夫的道义，而是为了逃避自己所不能接受的期待和现实的落差，因此不能视为真正的隐士。[2]

（2）高丽时期（918 ～ 1391 年）

高丽时期与中国的魏晋南北朝时期类似，社会动荡不安的同时文化艺术蓬勃发展。这个时期的隐逸行为与其说是自发性地构建文学式的理想乡，不如说是对宗教式理想乡的迷恋，因此未能体现真正的隐逸精神。高丽中叶处于武臣执政和蒙古干涉时

1　三国遗事·古朝鲜 [M]. 서울：瑞文文化社，1999：34.

2　李義澈. 朝鮮前期 士大夫文學의 隱逸思想 硏究 [D]. 경희대학교，2005：38-46.

期，文臣、士大夫们受到强烈的排挤和压迫，受到中国传来的儒家和道家隐逸思想的影响，出现了背离尘世、向往自然的竹林高会（或海左七贤）[1]。此外，这一时期也出现了能够反映官吏、文人隐逸思想的文学形式"楼亭记（루정기）""楼亭诗（루정시）"[2]和"题画诗（제화시）"[3]，但是这些行为的本质是通过享乐逃避现实，并非韩国文化所推崇的儒家式的隐逸。[4]

（3）朝鲜王朝时期（1392～1897年）

韩国真正的隐士和隐逸精神出现在朝鲜时期。朝鲜建国以后，王权和臣权之间的矛盾更加严重，新的政治团体士林派（사림파）的出现就是为了缓和王权和臣权之间的对立。为压制日益扩大的士林派势力，朝鲜国王发动了四次比较有影响力的士祸（사화）。朝中纷乱不断，军事力量不断减弱，外国侵略也随之接连不断（表1–1）。[5]在这种背景之下，一些具有真正隐逸精神的士人不断隐遁山林。他们不是为了躲避灾难或是享乐，而是为了坚守士大夫的道义、坚持自己的政治立场。这个时期代表性隐士有尹善道、梁山甫、李滉等。

朝鲜时期发生的主要士祸及胡乱   表1–1

类别	名称	时期
士祸	戊午士祸（무오사화）	1498年（燕山君四年）
	甲子士祸（갑자사화）	1504年（燕山君十年）
	己卯士祸（기묘사화）	1519年（中宗十四年） 1545年（明宗即位前）
	乙巳士祸（을사사화）	1545年（明宗即位前）
倭乱/胡乱	壬辰倭乱（임진왜란）	1592年（先宗二十五年）
	丙子胡乱（병자호란）	1636年（仁祖十四年）

---

1 指的是受高丽中期武臣集权及蒙古势力的强行干涉与压迫，被迫背井离乡、回归山林的七位文人士大夫，分别是：李仁老（이인로）、林椿（임춘）、吴世才（오세재）、赵通（조통）、皇甫沆（황보항）、咸淳（함순）、李湛之（이담지）。
2 高丽时期，财学兼备的少数权力阶层厌烦了官场的尔虞我诈，暂时退出政治舞台，将身心假托自然，建造楼亭并围绕其进行文学创作而形成的文学形式。
3 因对政治不满而产生了逃避现实、回归自然的想法，却因条件限制无法长期享受山水之乐，因此这些文人把自己对自然的向往之情寄托在画和诗中，从而形成了"题画诗"的文学类型。文人希望通过一幅画或一首诗，最大地满足自己对于亲近自然、隐逸、理想乡等的向往。
4 李義澈. 朝鲜前期士大夫文学의 隱逸思想 研究 [D]. 경희대학교，2005：57.
5 양자. 조선시대 隱士文化 와 山水園林 의 상호관계에 대한 연구 [D]. 성균관대학교，2017：34-35.

1.4.3　隐逸文化的社会价值

隐逸文化与中华文明几乎同时诞生，发展于春秋战国时期，昌盛于魏晋南北朝时期，衰落于宋元时期。它经久不断的历史早已证明了自身的价值。它的衰落与"兴灭国，继绝世，举逸民，天下之民归心焉"政策下催生的假隐士有关，但从中也可以看出隐士在中国古代民众心中崇高的地位。正如中国著名学者钱穆所说："中国历史上，正有许多伟大人物，其伟大处，则正因其能无所表现而见。""这些人只在隐出旋乾转坤，天地给他们转变了，但别人还是看不见，只当是无所表现。诸位想，这是何等伟大的表现呀！……他们之无所表现，正是我们日常人生中之最高表现。""中国历史之伟大，正在其由在大批和历史若不相干之人，来负荷此历史。"[1] 隐士们既保持和传承了中国和韩国传统的精神和文化价值观，也对社会的主流价值观进行了反叛。他们为世俗的人们示范了一个不同于世俗的生活方式，那是高尚的生活方式，使得世俗之人能够看到世俗生活的缺点、丑陋，而后加以改正。同时隐士精神的价值在于隐士们能看见和预见世俗之人所不能看见和预见的东西，然后在世俗之人所看不见的地方默默地改变社会。

1.5　中韩古代隐士的隐居生活

1.5.1　中国古代隐士的日常生活

与宗教隐士相比，士人隐士的隐居活动不受固定形式的限制，内容丰富多样，主要包括衣食住行、学术活动、社交活动等（表1-2）。

从饮食文化层面来看，大部分中国古代士人隐士都是通过戒荤的方式修身养性，清心寡欲。他们也试图通过食用一般人不吃的食物来展示自己的特殊身份和人格形象，例如食用自然界中的各种奇花异草等。他们常常借酒而忘忧，借酒明志，也有一些追求自给自足的生活方式。

在服装方面，隐士们喜欢穿动物皮、草、布等制作的奇装异服，一些有名的隐士的着装成了当时的流行文化符号。[2]

1　钱穆.中国历史研究法.北京：生活·读书·新知三联书店，2001.
2　马华，陈正宏.隐士生活探秘[M].济南：山东文艺出版社，1992：118-113.

士人隐士的学术活动主要包括藏书、抄书、读书、著书、聚徒讲学、文艺创作等。历史上很多隐士都把写书当作自己的责任。他们虽然在世俗之外，但对世俗的事情依旧关心，所以他们通过研读经典著作以"局外人"的身份用著述的方式来发表对世事的看法。师生授受是中国古代社会的传统模式，隐士们也把传授自己独特的思想和见解作为人生非常重要的职责。

文艺方面，他们大多喜爱旋律清幽古雅的玄琴，因为玄琴与隐士们清心寡欲、淡雅高远的气质相符，与园林自然雅静的氛围相宜。同时他们爱好古雅繁复的篆体和隶书，以及可以表现自然的山水画。书画也是他们为数不多的谋生手段之一。他们尤其喜欢诗歌创作，追求高雅、恬淡、自然质朴的精神。隐士们的创作活动对中国诗歌审美的发展产生了很大的影响。

东方古代隐士与西方中世纪教会隐士最大的区别就是前者只是逃离政治，而后者几乎与世隔绝。东方的古代隐士们虽然没有中断与他人的沟通，但也不必像仕途中人一样，常常要进行违背心意的社交活动。因此，他们一般会与少数志同道合的文人雅士进行交往，并建立或参加"以文会友""以诗会友"等精神性目标指向的隐士文社或诗社，以及文人雅集（专指文人雅士吟咏诗文，讨论学问的集会）性质的活动。由于很多士大夫的隐逸思想与佛道思想相通，所以他们也乐于与道徒和佛教徒交往。他们大多也都会与志趣相投的非隐士的文人保持着良好的关系。

从隐士的居住环境来看，大多数的隐士的居住环境十分艰苦。如居住在山林中破旧不堪的茅草屋，或者人类最原始的居住形态"洞穴"中，他们借此表达自己对大自然的热爱，对原始的自然状态的向往，以及对社会物质文明的不满与抵制，还有彻底遗世独立的决心。另有一部分隐士虽然生活在居住区，但会在住处布置出一处合乎自己性情的、富于自然情调的居住环境，如建造独特的隐居园林居住环境。[1]

中国古典园林师法自然、有法无式，即有一定规律但无固定样式，其之所以成为古代士人隐士的理想隐居地，是因为隐居园林既让他们在生活上避免了冻馁之苦，又可以满足崇尚自然、向往自由的精神需求。[2] 因此，一些文化素养较高、经济较富足的隐士将理想的隐居活动巧妙地融入园林的设计当中，营建出了极富艺术价值的隐居性质的私家园林。

---

1 马华，陈正宏 . 隐士生活探秘 [M]. 济南：山东文艺出版社，1992：135-225.

2 周维权 . 中国古典园林史：第 3 版 [M]. 北京：清华大学出版社，2008.

分类	内容
学术活动	藏书、抄书、读书、著书、聚徒讲学、文艺创作等
社交活动	文人雅集、游憩、会友等
饮食文化层面	喝酒、农耕活动等

1.5.2　韩国古代隐士的日常生活

（1）《闲情录》（한정록）中记述的隐士的日常生活

朝鲜中期著名的隐士许筠从在北京购入的 4000 册书中筛选出与隐士相关的书籍包括《楼逸传》（서일전）、《卧游录》（와유록）、《玉壶冰》（옥호빙）等，并对书中有关隐逸的内容进行整理和评述，编撰了《闲情录》（한정록）。

《闲情录》共有 20 卷，其中诗赋分为 16 个有关隐士和隐居的章节，即隐遁（은둔）、高逸（고일）、闲适（한적）、退休（퇴휴）、游兴（유흥）、雅致（아치）、崇俭（숭검）、任叹（임탄）、旷怀（광회）、幽事（유사）、名训（명훈）、静业（정업）、玄赏（현상）、清供（청공）、摄生（섭생）、治农（치농）等。在这些章节中，专门描述隐士日常活动的是"游兴""静业""玄赏""清供""摄生""治农"（表 1-3）。

《闲情录》中的隐居活动 [1] 表 1-3

图片	区分	篇章	内容	隐居活动
	1	游兴	记录观赏山川景观、放松精神的相关事例	游览
	2	静业	记录读书之乐的相关事例	读书
	3	玄赏	记录与其他隐士们互鉴风规或享受文艺创作的相关事例	雅会、文艺趣味
	4	清供	记录隐士隐居山林生活时需要的日用品	养生
	5	摄生	记录保持健康长寿的方法	养生
	6	治农	记录为了维持生计而进行的农事工作	农事

---

1 양자. 조선시대 隱士文化 와 山水園林 의 상호관계에 대한 연구 [D]. 성균관대학교, 2017: 72.

通过对书中内容的整理，可以看出朝鲜时期韩国文人隐士们认为的隐逸生活，包括游览（유람）、读书（독서）、雅会（아회）、文艺趣味（문예취미）、养生（양생）、农事（농사）。

（2）《怡云志》（이운지）中出现的隐士的日常生活

《怡云志》是朝鲜后期实学家徐有榘（서유구）撰写的《林园经济志》（임원경제지）[1]16 部中的一部。书中记述了朝鲜时期士人们包括隐士们的各种日常生活相关内容，可以作为理解韩国朝鲜时期隐士隐居生活的参考资料。书中与隐士日常生活相关的内容整理如表 1-4 所示。

《怡云志》中的隐居活动[2]　　　　表 1-4

图片		章节	小章节	隐居活动
	1	衡泌铺置	总论、园林涧沼、斋寮亭榭、几榻文具	园林营造
	2	怡养器具	床榻、枕褥、屏帐、动用诸具、饵具、饮具	
	3	山斋清供	茶供、香供、琴剑供	文艺爱好活动
			花石供、禽鱼供	
	4	文房雅制	笔、墨	
			纸、砚、图章、书室杂器	
	5	艺术鉴赏	古董、古玉器、古窑器、法书、名画	学问
	6	图书藏访	购求、藏居	
			铣印	
	7	燕间功课	总论、四时课、二十六课	游山玩水
	8	名胜游行	游具、登陟符呪、杂纂	
	9	文酒谲会	流觞曲水、投壶、九候射、诗牌、揽胜图、几时总目	雅会和集会
	10	节辰赏乐	岁时总目、节目条开、随时会、款约	

1　《林园经济志》是一部内容包括渔业、医学等的务农方法与政府农业政策在内的，全面反映农村生活的政策书（韩国民族文化大百科全书）。
2　양자 . 조선시대 隱士文化 와 山水園林 의 상호관계에 대한 연구 [D]. 성균관대학교, 2017：72.

两个文献中隐士的日常活动综合如表 1-5 所示。

韩国古代隐士的日常活动 表 1-5

书籍	内容	综合
《闲情录》	游览、读书、雅会、文艺爱好活动、养生、农事	园林营造、游览、学问、雅会或集会、文化兴趣活动、读书、养生、农事
《怡云志》	园林营造、游览、学问、雅会或集会、文化兴趣活动	

1.5.3 中韩古代隐士的隐居特征

整理以上内容可以发现，中国和韩国古代隐士的日常活动内容大致相似，可以归纳为起居、致学、休憩、农事四类（表 1-6）。

中韩古代隐士的日常生活内容比较 表 1-6

类别		内容
居住	中国	起居
	韩国	起居
学业	中国	藏书、抄书、读书、著书、聚徒讲学、文艺创作等
	韩国	文艺爱好活动、读书、学问
休闲	中国	文人聚会、游山玩水、会友等
	韩国	园林营造、游览、雅会及集会、养生
农事	中国	农耕
	韩国	农事

基于已有文献，中国古代隐士的隐居特征按时代分类整理如下：

（1）初期隐士的居住环境

中国古代早期的隐士主要隐居在洞穴、茅草屋等地，生活条件非常简朴。

（2）春秋战国时期（前 770 ~ 前 221 年）

春秋时期的士阶层与传统的贵族阶层分离，失去了一度占据的封地[1]。在这种情况下，如果不做官，就没有持续的经济收入，士人隐士们就只能隐居在人迹罕至的深

---

1 王毅 . 中国园林文化史 [M]. 上海：上海人民出版社，2014：83-84.

山洞穴中。如庄子在《达生》中说："鲁有单豹者，岩居而水饮，不与民共利。"

（3）汉朝时期（前202～220年）

汉朝时期的文人隐士仍然没有摆脱贫穷，东汉著名隐士焦先"自作一瓜牛庐，净扫其中，营木为床而草褥其上"。焦先自行建造了极小的圆形客厅，因其形状与蜗牛盖相似，故称蜗牛屋，客厅内打扫干净后，将木板堆起来当作床，并在上面铺上茅草作为褥子。由此可以看出当时隐士们生活环境之贫苦。

但东汉中期，士人隐士们已经开始想要改善自己的隐居环境并将想象中的隐居场景记录于文字。最典型的例子是东汉著名文人张衡（公元78～139年）、东汉著名儒学家仲长统（179～220年），他们在文章中详细描述了自己理想的隐居环境，并提出了隐居于园林的原始状态。[1]（图1-1）

图1-1　中国古代著名道士葛洪隐居的洞窟
来源：程里尧.中国古建筑之美：文人园林建筑（意境山水庭园）[M].北京：中国建筑工业出版社，1993.

（4）魏晋南北朝时期（220～580年）

魏晋南北朝时期首次出现了以园林为中心的隐居环境。在社会动荡、政治混乱的大背景下，拥有大量财产和土地的贵族阶层的隐士们建造了大型庄园并隐居其中。

1　王毅.中国园林文化史[M].上海：上海人民出版社，2014：83-84.

著名山水派诗人谢灵运[1]曾隐居于始宁庄园中，并在《山居赋》中详细记述了园林的设计、他在园林中的隐居生活及人生体悟。这个时期"朝隐"风气盛行。因为"朝隐"重意而非形式，所以越来越多的士人隐士不再栖遁山林，而是隐居在山林岩穴的替代品——"人化了的自然"即园林之中。[2]

（5）隋唐时期（581～907年）

隋唐时期，除了延续之前隐于岩穴、茅庐等艰苦环境外，在"朝隐""心隐"特别是"中隐"等隐逸理论推动下，隐居于园林的形式发展到了巅峰，大量隐士开始造园隐居。[3]

与宗教隐士不同，士人隐士并不需要遵循某种固定的隐居模式，可以自由地选择自己隐居的环境。他们需要能在隐居中超脱世俗的名与利，而园林作为一种与自然山水最为接近的居住模式，从汉朝开始就一直是士人隐士们所向往的理想隐居之地。魏晋南北朝时期部分贵族身份的士人因为有足够的土地和金钱，兼有较高的文化素养，所以他们开始营造园林。自唐代起，随着园林艺术的成熟，隐居于园林的士人也越来越多。园林为隐士们提供了一个既可以坚定追寻隐逸理想，又不至于受恶劣环境折磨的相对理想的居住环境。因此，自由而艺术的隐居园林空间构成开始出现，它与一般的古典园林空间相似却又具有一定差异性（图1-2）。

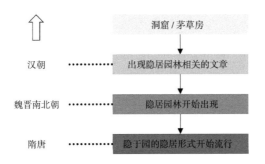

图1-2 中国隐居园林的形成脉络

---

1 谢灵运（385～433年），中国南北朝时期的佛教学者和山水诗派的鼻祖，因对政治感到失望而罢官归乡，建造始宁庄园隐居，并创作《山居赋》。

2 程里尧.中国古建筑之美：文人园林建筑（意境山水庭园）[M].北京：中国建筑工业出版社，1993：16-18.

3 程里尧.中国古建筑之美：文人园林建筑（意境山水庭园）[M].北京：中国建筑工业出版社，1993：18.

2 中韩古典园林的考察与比较

2.1 中韩古典园林的概念

中国文献中有关园林的定义大体上可分为两种。

第一,"园林"一词是"庭园"的旧称,即中国常说的"前庭后园"。正面的"庭"和背面的"园"合称为"庭园",也称"园林",即附属于建筑的园子的总称。例如,"宅园"是附属于住宅的园,"署园"是附属于官署的园。[1]

第二,"园林"是不断扩张的概念,可以根据时间的变化衍生出不同的园林类型。从广义来看,它是指"在一定地段范围内,利用、改造天然山水地貌,或者人为地开辟山水地貌,结合植物栽培、建筑布置,辅以禽鸟养殖,从而构成一个以追求视觉景观之美为主的赏心悦目、畅情舒怀的游憩、居住的环境"[2]。狭义的园林只意味着古典园林。[3]

中国的园林在韩国被称为庭园(정원)。韩国文献将"庭"(정)定义为"堂阶前"(뜰정)。"堂阶前"是由堂的台阶前院组成的空间。"园"(원)的意思有两种,其一是普通住宅的"동산"(东山),是指篱笆围起来的中间用于种植果树的空地。其二"苑"(원)是指属于"国家的东山园"即宫阙的东山,是圈养禽兽的空地,也叫"苑囿"(원유)。[4]

庭(뜰)和园(원)相结合的"庭园"是指种植果树、蔬菜等的普通家庭的空地,庭(뜰)和苑(원)相结合的"庭苑"是指圈养动物、种植庄稼的皇宫的苑囿。但从古代开始到朝鲜时代为止,韩国一直都是君主专制国家。因此,比起"庭园"一词,"庭苑"的含义更具概括性。[5]

---

1 陈植. 中国造园史 [M]. 北京:中国建筑工业出版社,2006.
2 曹林娣. 中国园林文化 [M]. 北京:中国建筑工业出版社,2006.
3 周维权. 中国古典园林史:第3版 [M]. 北京:清华大学出版社,2008.
4 주남철. 한국의 정원 [M]. 서울:고려대학교출판부,2009:4.
5 주남철. 한국의 정원 [M]. 서울:고려대학교출판부,2009:5-9.

除此之外，韩国学者将庭苑学（정원학）定义为以土地为"母体"，为了创造比人们日常生活环境更安全、更舒适的居住环境，而将自然和人工要素有机融合，从而创造出具有生态性、功能性、实用性的建筑外部空间的综合科学。[1]

中国和韩国园林最大的区别就是中国园林是在一定的地区范围内营造居住和休息环境，但韩国的园林是在室外空间创造生活环境。本书中的"园林"是涵盖中韩园林概念的总和。

2.2 中韩古典园林的分类

2.2.1 中国古典园林的分类

中国古典园林根据所属关系可分为皇家园林、私人园林、寺观园林（表2-1）。

皇家园林是皇帝个人或皇室拥有的园林。皇家园林的主要特点是模拟山水，规模宏大，在不悖风景式造园原则的情况下，尽量显示出皇家气派。皇家园林可以分为大内御苑、行宫御苑和离宫御园。大内御苑建在首都皇城之内，紧邻皇帝居所，是皇帝日常临幸游憩之处。行宫御苑和离宫御园分别建在都城近郊或远郊风景优美的地方，前者作为皇帝短期停留之处，后者作为长期居住和处理朝政的地方。[2]代表性的园林有颐和园（行宫御园）（图2-1）。

私家园林是贵族、官僚、士大夫等私人拥有的园林，可以分为宅园、游憩园和别墅园林。宅园多建在城市内，与邸宅相连，是园主人日常休息、宴乐、会友、读书的场所，规模不大，但数量较多。游憩园也建在城内，功能与宅园相似，但不依附于宅邸，且数量较少。别墅园林建在城市近郊风景优美之处，主要用途是短期居住、休息和游览，还兼有生产及经济功能，通常面积较大。古代社会等级制度森严，私家园林的规模与豪华程度不能超过皇家园林。代表性的园林有拙政园（图2-2）。

寺观园林是附属于寺院和道观的园林，包括寺院和道观内部的园林和外部环境。由于皇权在中国古代社会的主导地位，寺观园林在建造风格上并未表现出强烈的宗教

1　민경현 . 한국정원문화 – 시원과 변천론 [M]. 경기：예경산업사，1991：34.

2　周维权 . 中国古典园林史：第3版 [M]. 北京：清华大学出版社，2008：19.

特性，而是通过园林景观与世俗建筑的结合来追求人间的赏心悦目、恬适宁静。代表性的园林有灵隐寺（图2-3）。

中国古典园林的类型 表2-1

园林类型		特征	代表园林
私家园林	宅园	地处城市，住宅附属，规模小	拙政园
	游憩园	地处城市，独立建筑，数量少	独乐园
	别墅园林	地处城外，短期居住，规模大	寄畅园
寺观园林	寺院	为特定宗教团体使用，但宗教特征表现不强	灵隐寺
	道观		古常道观
皇家园林	大内御苑	位于皇城内，是皇帝日常娱乐游憩的场所	紫禁城西苑
	行宫御苑	位于近郊，是皇帝短期娱乐休憩的场所	颐和园
	离宫御园	远离城市，是皇帝短期居住和娱乐休憩的场所	承德避暑山庄

图2-1 颐和园

图 2-2 拙政园

图 2-3 灵隐寺

2.2.2 韩国古典园林的分类

根据中心建筑的不同，韩国古典园林主要可分为民宅园林（민가정원）、寺苑（사원）、陵园（능원）和宫苑（궁원）（表2-2）。

韩国的民宅园林可以分为住宅园林（주택정원）、别堂园林（별당정원）和别墅园林（별서원림）。住宅园林是依附于园主主要住宅的园林。别堂园林是建在园主主要住宅园林的围墙之外，并与之保持一定距离的园林。别墅园林是建在远离住宅的风景胜地的园林。

民宅园林是高丽初期贵族和权臣以首都为中心建造的华丽园林，但到了政治混乱期，士人们纷纷回乡修建风格朴素的园林。朝鲜时期，根据儒家的等级制度，居住空间被按照男女上下彻底区分，并建成了象征天圆地方的方池圆岛。在这个时期园林中还出现了中国叠石的造园园林技法。植物的素材主要以从中国引进的较为华丽的花木为主，本土植物为辅。石地和石筑[1]开始普及。园林中的接景，即在建筑物和园林交界处的景观呈现出多样性，这一点在其他时代是很难看到的。代表性的私家园林有潭阳潇洒园（图2-4）。

寺苑是以塔为中心景观的园林类型。韩国古代三国时期随着佛教的传入出现了寺院，高丽时期寺院数量开始增加。大部分私苑建在山势陡峭、自然景观秀丽的山林中。朝鲜时期的寺苑因儒学的兴起，规模和数量大幅减少。[2]代表性的寺苑有新罗时期的禅定寺（선정사）、高丽时期的文殊院禅院（문수원선원）及朝鲜时代的公主磨谷寺（마곡사）及一支庵（일지암）的茶苑（다원）等（图2-5）。

陵园是人死后安葬的坟墓所处的园地。韩国古代三国时期陵苑的规模象征了权位的高低，但到了高丽时期，贵族陵苑的规模与普通百姓并无大异。朝鲜时期，儒学的社会地位达到顶峰，朱子的家庙和家礼在普通人中也被广泛提倡。同时风水及图谶说（도참설）盛行，名堂（명당）[3]作为家庙变得普遍化，陵苑也越来越多。[4]代表性的园林有高句丽的古坟苑林（고분원림）和高丽高宗王陵（고종왕능），还有朝鲜时期

---

1 石地（석지）：用石材铺装的地面。石筑（식조）：用石材做的景观雕塑。
2 민경현 . 한국정원문화－시원과 변천론 [M]. 경기：예경산업사，1991：121-242.
3 风水宝地。
4 민경현 . 한국정원문화－시원과 변천론 [M]. 경기：예경산업사，1991：236.

的金谷洪陵（금곡홍릉）（图2-6）和宣靖陵（선정릉）等。

宫苑即帝王生活的园林。宫苑园林可以分为法宫（법궁）和离宫（이궁）。法宫是国王居住的宫殿，离宫也被称为国王在王宫外居住的别宫或者行宫，代表性的法宫是首尔的景福宫（경복궁）（图2-7），离宫是首尔的昌德宫（창덕궁）。

韩国古典园林类型   表2-2

园林类型		特征	代表园林
民宅园林	住宅园林	附属于住宅建筑	尹拯住宅
	别堂园林	建于住宅建筑外不远处	独乐园
	别墅园林	建在远离住宅的风景胜地	潇洒园
寺院	佛教寺院	以塔为中心景观，建在山势优美、自然景观秀丽的山林中	文殊院禅院
陵园	陵园	朝鲜时期崇尚儒教，陵园增多	金谷洪陵
宫苑	法宫	皇帝居住的宫殿	景福宫
	离宫	在王宫外短暂居住休憩的场所，也称为别宫、行宫	昌德宫

图2-4　潇洒园

图 2-5 一支庵的茶苑

图 2-6 金谷洪陵

图 2-7 景福宫

中国古典私家园林和皇家园林与韩国古典民家园林和宫苑在具体的分类上有着很强的相似性（表2-3、表2-4）。

中韩传统民宅与私家园类型比较 表 2-3

园林类型		特征	比较结果
中国	宅园	地处城市，附属于住宅	相似
韩国	住宅园林	附属于居住空间	
中国	游憩园	地处城市内，但不依附于住宅	相似
韩国	别堂园林	地处城市内，建于住宅院墙外不远处	
中国	别墅园林	建在城外远离住宅的景胜之地	相似
韩国	别墅园林	建在远离住宅的风景胜地	

中韩传统宫苑与皇室园林类型比较 表 2-4

园林类型		特征	比较结果
中国	大内御苑	位于皇城内，是皇帝日常娱乐的场所	相似
韩国	法宫	皇帝日常居住的宫殿	
中国	离宫御苑	远离城市，是皇帝长期居住和娱乐休憩的场所	相似
韩国	离宫	也被称为宫殿以外的别宫、行宫	
中国	行宫御苑	位于近郊，是皇帝短期居住、娱乐、休憩的场所	

根据园林的从属关系可知，古代隐居园林属于隐士个人，所以在中国和韩国分别归属于私家园林和民家园林。

2.3 中韩古典园林的构成要素

2.3.1 中国古典园林的构成要素

中国古典园林空间的主要构成要素包括建筑物、水、山石、植物四种（表2-5）。

中国古典园林构成要素的分类及特点 　　　表2-5

要素	种类	特征
建筑要素	厅、堂、馆、轩、斋、室、亭、廊、楼、阁、台	布局有法无定式，因山就水，高低错落
水景要素	天然水景	人工水景基本上是内陆天然水景的湖泊、河流、溪谷、泉水、瀑布等的艺术性概括
	人工水景	
山石要素	自然山石	按照材料，可分为土山、土石山、石山。人造石山的营造方法也被称为叠山或掇石
	人造假山	
植物要素	花、果、叶、树、藤蔓、竹子、草和水生植物等	表现园林主人的思想、品格和意志

（1）建筑要素

建筑物的主要类型有厅、堂、馆、轩、斋、室、亭、廊、楼、阁、台等。与沿着中轴线左右对称的布局形式不同，园林建筑物的布局有法而无定式。按地形布置建筑物，高度参差不齐，最忌讳重复形式，所以具有含混性、不定性和矛盾性的特征。[1]

（2）水要素

水的景观大致可分为天然水景和人工水景。中国古典园林的人工水景是对内陆天然水景如湖泊、河流、溪谷、泉水、瀑布等的艺术性概括。水景观组合而成的"水系"与山石景观所组合而成的"山系"往往"山嵌水抱"，呈现出互相融糅、穿插的状态。

（3）山石要素

山石要素可分为自然山石和人造假山。中国古典园林的营造，大部分都会叠山、

1　彭一刚 . 中国古典园林分析 [M]. 北京：中国建筑工业出版社，1986：9.

掇石。根据山体材料的不同，可以分为土山、土石山、石山。人造土山一般是利用挖池土方堆砌而成，其特点是材料采集及施工比较容易，且与自然景观相似度高，容易使观者联想到自然山林。人造土石山是泥土和石头的混合，先堆土山，然后在上面堆石头。人造石山是指利用挑选出的天然石块砌成的山。做人造石山的技法也叫叠山或掇山。三种人造假山中，最富有艺术性的是人造石山，它是园林设计者"对于天然山岳构成规律的概括、提炼，是对真山的抽象化、典型化的缩移摹写"[1]。

（4）植物元素

植物类型包括花、果、叶、树、藤蔓、竹子、草和水生植物等这几种。[2]园林中种植最多的植物是树。郁郁葱葱的树木是最先能让人联想到丰富繁茂的自然生态的植物。受儒家"比德"（通过对自然界生物的欣赏，体会人格美）思想的影响，园林中的树木和花卉均被赋予了不同的性格和品德。园主通过园中的植物表达自己的思想、品格和意志。例如，竹子是高尚人格的化身，松树象征着坚强、高尚、长寿，牡丹花象征着富贵和吉祥，桂花象征着高贵和名誉等。[3]

2.3.2　韩国古典园林的构成要素

韩国古典园林的空间可以根据使用目的和空间属性，整理成空间、水、山石、建筑、植物等要素（表2-6）。[4]

韩国古典园林构成要素的分类及特点　　　　表2-6

要素	种类	特征
空间要素	花阶	构筑物，自然连接园内空间与园外空间
	墙垣	弱化隐藏性功能，用石、泥土或篱笆等砌制
	门	主要有挑山顶大门和平大门等
	桥	道路的延长，连接河流和溪谷两岸的通道，分为木桥、土桥、石桥等

1　周维权 . 中国古典园林史：第3版 [M]. 北京：清华大学出版社，2008：19-36.
2　刘敦桢 . 苏州古典园林 [M]. 北京：中国建筑工业出版社，2006.
3　曹林娣 . 中国园林文化 [M]. 北京：中国建筑工业出版社，2006：233-257.
4　박길용 . 한국정원의 구성요소에 관한 연구 [J]. 한국전통조경학회지 .1984, 1（3）：185-209.

要素	种类	特征	
水景要素	池塘	"方池中岛"的组合最为普遍	
	泉水	分为自然泉和人工泉	
	瀑布	人工瀑布分为飞泉和挂泉	
	溪流	分为石溪、松溪和菊溪等	
山石要素	自然山石	韵味独特，置于水池边、石函上等	
	人工叠石	将石块层层叠叠地堆放	
建筑要素	园林亭子	花园的一部分或主建筑的一部分	景观的中心点
	景观亭	建在风景优美的地方	
植物要素	乔木	可以分为落叶树、针叶树、常绿阔叶树等	
	灌木	可以分为落叶树和常绿树	
	花草	用于制作花坛、花草盆景等	
	藤蔓	在宫殿月台或花阶上，像围墙一样竖起	
	草	有草坪、芦苇等	

（1）空间要素

空间要素主要包括花阶（화계）、墙垣（담장）、门和桥。花阶的功能是使园林的后院空间与山景自然过渡。韩国园林的围墙对园内空间起到的作用更多的是保护，而不是隐藏，所以院墙的高度并未到达遮挡视线的程度。墙垣根据材料大致可分为石墙、土墙和篱笆墙。门根据位置可以分为挑山顶大门（솟을 문，正门，官位的象征）和平大门（평대문，连接正房和偏房的大门）等。桥是道路的延伸，用于连接河流、溪谷两岸等，可以分为木桥、土桥、石桥等。

（2）水要素

水要素大的可以分为池塘（연못）、泉水、瀑布和溪流。池塘根据形态可以分为方形池塘和不规则形池塘。韩国古典园林中的池塘大多是方形池塘。池塘里建造了数量不等的中岛。泉水除了自然泉（喷泉和井泉等）外，还有人工泉，如用挖木制成的槽筒等人工引水而形成的飞沟等（비구）。人工制造的瀑布包括飞泉和挂泉。溪流根据周边景物的不同可分为石溪、松溪和菊溪等。

（3）山石要素

山石要素可分为自然山石和人工叠石。自然山石是将挑选出的别有韵味的石块精心放置在池边、屋前屋后等地或放于石函之上用以装饰。与中国传统叠石的连接方法不同，韩国的人工叠石采用了比较简单的方法，即完全不使用石灰，只是简单地将磐石层层堆积。韩国的叠石和石假山的制造技法虽然不发达，但将石头置于花阶和石函上的怪石技法（귀석기법）非常盛行。

（4）建筑要素

园林建筑的种类有亭、轩、斋、楼、台等。其中亭的数量最多，亭大致可分为园林亭和景观亭。园林亭位于宫殿、住宅、别墅等处，通常是花园的一部分或园林的主要建筑物。景观亭主要指建在江边、山脚等风景优美处的亭。景观亭是所处景观的中心点，常常是所在地的地标景观。亭的形态包括圆形、方形、长方形、六角形等。韩国园林中最普遍的亭子形态是结构简易的三间屋大小的四边形。屋顶的材料主要是瓦、茅草、稻草等。[1]

（5）植物要素

植物要素可分为乔木、灌木和花草、藤蔓和草等。乔木可以分为落叶树（枫树类、银杏树等）、针叶树、常绿阔叶树（山茶树）等，灌木可以分为落叶树和常绿树。种植植物时或者大面积种植，形成树林，或者栽种一两株，与园林中的主要景观形成垂直景观。例如潇洒园的东区竹林景观。花草主要见于花坛、花阶、花草盆景等，或置于台石上。将藤蔓类的植物置于宫殿前方的平台上或花阶上，形成像围墙一样的立面，用于分割空间、遮挡视线。草包括草坪、芦苇等。[2]

2.3.3 中韩古典园林构成要素比较

中韩古典园林构成要素的差异主要源于两国构园理念的差异。中国古典园林追求"师法自然"，"虽由人作，宛自天开"，即自然与人工多样性和创造性的融合，精心设计宛如自然的人工景观，如水池、假山、曲径等，旨在创造一种仿若天成的美感。

---

1 박길용 . 한국정원의 구성요소에 관한 연구 [J]. 한국전통조경학회지 .1984, 1（3）：185-209.

2 주남철 . 한국의 정원 [M]. 서울：고려대학교출판부, 2009.

而韩国则是追求最大可能地对自然进行保留和将自然环境与园林环境相融合，力求在最小程度上改变自然，以达到人与自然的完美融合。[1]中国土地广阔，不同地区展现出不同的气候和自然景观。这种地理多样性直接影响了园林的设计理念和风格。中国园林的建造不仅追求雄伟华丽的风格，而且力求将多种自然景观（如山峦、瀑布、河流、湖泊、洞穴等）巧妙地融进园林之中。这种融合不是简单地模仿自然，而是在顺应自然规律的基础上，通过艺术加工和布局，创造出宛如自然的人工景观。例如，苏州的拙政园和杭州的西湖边园林，都是这种理念的杰出代表。韩国的园林造景，受其海洋性气候和多样地形的影响，往往尽量保留自然原貌，体现了一种更加谦逊和低调的设计哲学。在韩国园林中，可以看到更多简约而不失精致的布局，如秀丽的昌德宫后苑。

中韩古典园林造园理念的差异不仅仅来源于地理和气候，还深受各自独特的文化传统和审美观念的影响。中国园林强调"借景造景"，通过园林设计反映文人的审美趣味和哲学思想，如通过假山寄托对远方山水的向往。而韩国园林更注重自然的本真和朴素，体现了一种与自然和谐共存的东亚美学（图2-8、图2-9）。

图2-8 韩国潇洒园

1 허균.한국의 정원 [M]. 선비가 거닐던 세계.다른세상, 2010: 17-20.

图 2-9　中国网师园

在造园理念的影响下，构成要素也形成了多种差异。在山石要素方面，整体来看，中国古典园林中人工造景的叠山掇石较为常见，但在韩国古典园林中人工的山石景较为少见，大多是直接利用自然山石景观（图 2-10、图 2-11）。首先在园林石的运用上，中国以嵌空、穿眼、宛转、险怪势、高大为贵，而韩国园林中使用的怪石形状都比较简单，形态较小。在石要素的材料上，中国多以花岗石为主，而韩国以黄石、太湖石为主。在石要素的营造手法上，中国置石有特置、对置、群置以及散置布局等形式，在空间构成上大多竖立，着重表现立面与个体美，而韩国怪石摆放上都是以墙为背景体现大自然中山体，最具有特色的是韩国经常让怪石长期保持湿润，表面生长苔藓以展现古朴之感。

在水要素方面，整体来看中国古典园林中以不规则的人工水景较为常见，但在韩国古典园林中除自然水景外，规则式的方形水池最为多见。在水景游览方式上，中国园池的设计多以曲线为主，创造一种蜿蜒曲折、时隐时现的意境，在造园中常用长廊

图 2-10　韩国芙蓉洞园林

图 2-11　中国网师园

连接、观赏池景。而韩国，赏池是在楼阁中进行。在理水的处理方式上，中国理水以水作为动态时，常常都是模拟自然中的瀑布，通常是山石叠高，山下挖潭，水从上至下跌落飞溅，形成飞流千尺的景观。而韩国，通常是跌落式，水顺着石山从上而下跌落，幽静或是激情澎湃地流入池塘。

在建筑要素方面，整体来看中国园林建筑大部分是瓦屋顶，较少有茅草屋顶，且茅草屋顶主要用于装饰，在建筑形式上更加丰富多样，而韩国的建筑材料人工痕迹较少，最大限度地保留材料的本性（图 2-10、图 2-11）。在建筑色彩上，中国古典园林建筑具有"尚俭"的传统，园中建筑物色彩上江南园林建筑以黑、白、灰为主色调，建筑色彩淡雅、清新。而韩国建筑外观很美，色彩搭配似如淡色似如灰色，端庄、含蓄地展示在人们面前，给人一种质朴感。在建筑材料的使用上，中国园林建筑材料给人以厚重、复杂之感，例如砖、木材料。而韩国取材一般为木材、干草、石头等，用材上有"歪才正用"之说，体现韩国建筑的质朴美。

在植物要素方面，中韩古典园林也展现了不同的造景标准和美学追求。中国古典园林以"四季有绿，三季有花"为其核心造景理念，在这一理念指导下，中国园林中的树木和花卉品种极为丰富，试图通过不同植物的季节性变化，营造出恒久而又多变的园林景致。例如，松树与竹子代表着四季常青，而梅、兰、菊、莲等花卉则依次在春、夏、秋、冬绽放，体现了中国园林对四季变化的精妙捕捉和艺术表达。韩国古典园林则主要采用阔叶树作为植物造景的主要元素。这是因为阔叶树能够根据季节发生显著的颜色和形态变化，从而自然地体现出季节的变迁。春天，新叶嫩绿；夏日，树荫浓密；秋季，叶色转红或金黄；冬天，枝条裸露，展现了一种质朴而真实的自然之美。这种对阔叶树季节变化的利用，不仅体现了韩国园林对自然规律的尊重，也呈现了一种简约而深沉的东方美学（图 2-12、图 2-13）。

尽管中韩古典园林在构成要素上存在着显著差异，它们却共同体现了深植于东亚文化的核心理念：崇尚自然和追求人工与自然的和谐共处。在建筑材料的选择上，中韩园林通常以天然的木材为主导，辅以砖头和土墙。这种选择不仅是对自然资源的尊重，也是对环境的适应性和可持续性的体现。园林的建造追求因地制宜，旨在与周围的自然环境和谐共存，反映出一种深植于东方文化的环境意识。在植物要素的营造上，西方园林常采用规则式的几何布局，而中韩园林则更注重植物的自然生长。这种未经人为修剪，允许植物按其自然形态生长的方法，强调了人与自然和谐共生的哲学观。

图 2-12　韩国昌德宫

图 2-13　中国网师园

此外，两国的园林文化均深受儒家、道家和佛教的影响。儒家文化强调和谐与秩序，道家倡导顺应自然，而佛教则提供了追求内心宁静的精神寄托。这些哲学思想在中韩园林中得到了生动的体现，不仅反映在园林的布局和设计上，也渗透到了园林所传达的精神和文化意义中，使中韩园林成为观赏、休闲与精神修养的理想场所[1]（图2-14、图2-15）。

图 2-14　韩国潇洒园

图 2-15　中国拙政园

1　孟兆祯 . 中日韩园林的相似性与独特性 [J]. 中国园林，2006（11）：26-29.

2.4 中韩古代隐居园林

2.4.1 中韩古代隐居园林考察

隐居园林是指以隐居为目的建造的园林，即隐士们对自然进行一定程度的改造形成的居住空间，在这里他们不用随波逐流，只有自我和山水的对话，明心见性，悠游自在。

由于现有中韩隐居园林的研究较为缺乏，在隐居园林空间特征分析之前，对研究范围内的所有中国隐居园林进行全面考察，并从考察的结果中选取认知度较高、待分析项目资料充足的隐居园林作为最终的分析对象。

考察方法为文献考察和实地调研，考察的时间范围是中国的唐代至清代（618～1912年）和韩国的朝鲜时期（1392～1910年）。原因是中国唐代时期隐逸和园林文化逐渐兴盛，促使了园隐的流行；朝鲜王朝时期韩国文化蓬勃发展，同时党争、胡乱和倭乱频发导致大量隐士隐居于园林之中。而清代和朝鲜王朝分别是中韩古代最后一个朝代。

在对中韩隐居园林的考察上，首先对中韩古典园林和隐居园林密切相关的著作及文献中的园林案例进行考察，并筛选出符合隐居园林标准的所有中韩园林案例。中国的著作文献包括《中国造园艺术史》（张家骥，2004）、《中国古典园林史》（周维权，2008）、《中国古代园林和中国文化》（王毅，2002）等。韩国的经典著作文献包括《韩国园林文化始源与变迁论》（한국정원문화시원과변천론，민경현，1991）、《韩国的传统造景》（한국의 전통조경，호광표 & 이상윤，2001）、《韩国的园林》（한국의 정원，주남철，2010）、《韩国传统造景》（한국 전통 조경，정재훈，2005），以及博士学位论文《朝鲜时代隐士文化与山水园林相互关系的研究》（조선시대 은사 문화와 산수원림의 상호관계에 대한 연구，양자，2017）等。

综合考察可知中韩隐士们隐居于园林的情况可分为四类：第一，拒绝为官，建造园林，专心致学（L1）；第二，辞去官职，建造园林，专心致学（L2）；第三，遭诬陷或因反对主流政治而被降职或罢官，建造园林，专心致学（L3）；第四，半官半隐，建造园林，专心致学（L3）。

根据以上标准，按照建造园林的时间顺序，中韩隐居园林梳理如表 2-7、表 2-8。

中国唐代至清代的隐居园林 表 2-7

序号	园名	建造时期		园主	位置	隐居缘由	
1	嵩山别业	唐	713 年	卢鸿一（？~740 年）	河南登封市嵩山卢岩寺	拒绝为官，造园隐居，研究学问	L1
2	辋川别业	唐	约 727 年	王维（692~761 年）	陕西省蓝田县辋川镇白家坪村	仕途不顺，半官半隐于园林	L4
3	履道坊宅园	唐	824 年	白居易（772~846 年）	河南省洛阳洛龙区安乐镇狮子桥村村口	因弹劾被降职到洛阳，并在此建造园林，隐居于此	L3
4	庐山草堂	唐	817 年	白居易（772~846 年）	江西省九江市濂溪区赛阳镇庐山东林寺	被降职后，将园林当作一种精神寄托	L3
5	沧浪亭	北宋	1044 年	苏舜钦（1008~1048年）	江苏省苏州市姑苏区人民路沧浪亭街 3 号	受诬陷降职，建造园林，隐居于此	L3
6	盘州园	南宋	1165 年	洪适（1117~1184 年）	江西省鄱阳市盘州	辞去归乡，建造园林。从此拒不出山，钻研学问	L2
7	独乐园	北宋	1073 年	司马光（1019~1086 年）	河南省洛阳市洛龙区诸葛镇诸葛洪恩寺	反对当时的主流政治，离开京城，前往洛阳建园，专心研究学问	L2
8	梦溪园	北宋	1087 年	沈括（1031~1095 年）	江苏省镇江市京口区梦溪园巷 21 号	不愿当官，建造园林专心致学	L3
9	乐圃	北宋	1041 年	朱长文（1039~1098 年）	江苏省姑苏区中景德路，现环秀山庄	不愿当官，建造园林专心致学	L2

序号	园名	建造时期		园主	位置	隐居缘由	
10	玉山草堂	元	1348年	顾瑛（1310～1369年）	江苏省苏州市阳澄湖与傀儡湖之间的绰墩山	拒官为官，隐居山林，建造园林，专心致学[1]	L1
11	寄畅园	明	1591年	秦耀（1544～1604年）	江苏省无锡市梁溪区惠河路2号	辞官归乡，建园隐居	L3
12	归园田居	明	1631年	王心一（1572～1645年）	江苏省苏州市姑苏区东北街178号，现拙政园内	辞官归乡，建园隐居	L2
13	退谷	明	1656年	孙承泽（1593～1676年）	北京市海淀区香山卧佛寺路北京植物园内，现樱桃沟	63岁辞官回乡修造园林，专注于著书立说	L2
14	寓园	明	1635年	祁彪佳（1602～1645年）	浙江省绍兴市柯桥区鉴湖大酒店	因病辞官归乡，建造园林，专心致学	L2
15	随园	清	1748年	袁枚（1716～1798年）	江苏省南京市鼓楼区广州路五台山体育场	辞官建园，专心致学	L2
16	网师园	清	约1751年	宋宗元（1710～1779年）	江苏省苏州市姑苏区阔家头巷11号	隐退建园，专心致学	L2
17	退思园	清	1885年	任兰生（1838～1888年）	江苏省苏州市吴江区同里镇古镇区新填街234号	辞官建园，退隐思过	L2
18	人境庐	清	1884年	黄遵宪（1848～1905年）	广东省梅州市梅江区小溪唇江边路A17号	拒绝出仕，归乡建园，专心致学	L2

1　檀若曦. 玉山草堂与元末江南文人园居生活研究 [D]. 苏州科技大学，2018.

序号	建造时期	园主	地址	隐居缘由	
1	15世纪初	全新民（전신민）? ~ ?年	全罗南道潭阳郡南面涟川里溪川街的山坡上（전남 담양군 남 면 연 천리계천 가의 언덕 위）	高丽灭亡，不事二主，带着家人隐居山林，仅与山水和诗文为友，度过余生[1]	L2
2	1456年	申末舟（신말주）1439 ~ 1503年	全罗北道淳昌邑南山谷（전북 순창읍 남 산골）	高丽灭亡，不事二主，辞官回乡隐居	L2
3	1516年	李彦迪（이언적）1491 ~ 1533年	庆尚北道庆州市安康邑玉山里1600-1号（경상북도 경주 시 안 강읍 옥산리 1600-1 번 지）	反对当朝主流政治，辞官归乡建园隐居，专心致学	L2
4	1520年	梁山甫（양산보）1503 ~ 1557年	全罗南道潭阳郡南面芝谷里（전라남도 담양 군 남 면 지곡리）	园主在目睹老师因为己卯士祸被革职、流放，最终去世之后，非常苦闷，建园隐居[2]	L2
5	1526年	权拨（권벌）1478 ~ 1548年	庆尚北道奉化郡奉化邑柳谷（경상북도 봉화 군 봉 화읍 유곡）	因己卯士祸遭牵连罢官，14年间在自然山水中建造园林，培养后辈，埋头于经学	L3
6	1533年	宋纯（송순）1493 ~ 1583年	全罗南道潭阳郡凤山面在月里马项部落（전남 담양군 봉 산면 재월리마 항부락）	41岁时由于反对主流政治，辞官隐居建园，专心致学，46岁重新回归政治[3]	L2
7	1540年	金允悌（김윤제）1501 ~ 1572年	全罗南道广州市北区忠孝洞（전라남도 광주 시북 구 충효동）	目睹西巳士祸（을사사화）的发生，辞官归乡，建园隐居，致力于培养后辈，钻研学问，并在此度过了余生[4]	L2

1　김성기 . 제 2 부 ：서은 전신민 의 독수정과 호남의 충의 [J]. 한국시가문화연구, 2002（9）：182-204.

2　천득염 . 소쇄원 [M]. 광주 : 심미안, 2017.

3　권순열 . 면앙（勉仰）송순（宋純）의 한시（漢詩）연구（研究）[J]. 한국시가문화연구 .31（2013）：63-90.

4　유홍준 . 나의 문화유산 답사기 10 ：전라도 담양땅의 옛 정자와 원림（園林）（2）.- 소쇄원, 식영정, 취가정, 환벽당, 면앙정, 송강정, 명옥현 [J]. 월간 사회평론 .1992, 92（4）：296.

序号	建造时期	园主	地址	隐居缘由	
8	1574年	李珥 （이이） 1536～1584年	京畿道坡州郡坡平面栗谷里 （경기도 파주군 파평면 율곡리）	因对主流政治不满，决意建园隐居，并在此度过余生	L2
9	1613年	郑荣邦 （정영방） 1577～1650年	庆尚北道英阳郡立岩面莲塘里 （경상북도 영양군 입암면 연당리）	短暂的仕途之后，辞官建园隐居，致力于培养后辈，钻研学问	L2
10	1630年	柳运 （유운） 1580～1643年	全罗南道务安邑 （전라남도 무안 읍）	辞官，并在住宅附近建造园林隐居	L1
11	1637年	尹善道 （윤선도） 1587～1671年	全罗南道莞岛郡甫吉岛 （전라남도 완도 군보길도）	屡次罢官、流放，最终在丙子祸乱之后，对当朝政治彻底失望，隐居于园林	L2
12	1650年	吴明仲 （오명중） 1619～1655年	全罗南道潭阳郡古西面山德里厚山村（전라남도담양 군 고서면 산덕리 후산마을）	无心仕进，建园隐居，专心致学，与自然为友	L1
13	1683年	宋时烈 （송시열） 1607～1689年	忠清南道大田东区佳阳洞高峰山麓 （충청남도 대전 동구 가양동 고 봉산 기슭）	与当朝政治意见不同，于是辞职隐退建园，专心于教书致学，最终因为再次上书进谏而被赐死	L2
14	1686年	延安宋氏四兄弟 （연안 송씨 사 형제） ？～？年	全罗北道镇安郡马灵面江亭里 （전북 진안군 마령면 강정리）	为了缅怀先祖的忠洁和德行而建造园林，园主四兄弟也一直隐居于此	L1
15	17世纪左右	尹拯 （윤증） 1629～1714年	忠清南道论山郡鲁城面校村 （충청남도 논산 군 노 성면 교촌 마을）	德学很高，不愿意做官，一直隐居	L1
16	1808年	丁若镛 （정약용） 1783～1836年	全罗南道康津郡道岩面万德里 （전라남도 강진 군 도 암면 만덕 리）	受辛酉教乱的牵连而被流放，流放期间建立园林，并在此隐居11年	L3
17	1862年	闵胄显 （민주현） 1808～1883年	全罗南道和顺郡沙坪里 （전라남도 화순 군 사 평리）	朝政腐败，上书进言无果，遂辞官回乡建园隐居	L2

2.4.2 中韩古代隐居园林典型案例选择

以上述结果为基础，按照以下标准选出最终的分析案例：第一，园主应具有代表性的隐逸思想，并反映在其隐居园林的空间设计中；第二，从与隐居园林相关的文化产物来看，文人隐士们或到访过此地的文人们在大量的诗、书及画中记录着园主的隐居生活及园林环境；第三，园林需要具有一定的认知度和丰富的参考资料，研究者能够基于相关材料掌握其空间特征。最终选定的中国隐居园林案例是辋川别业、履道坊宅园、独乐园、寄畅园、随园，韩国隐居园林案例是独乐堂、潇洒园、瑞石池、普吉岛芙蓉洞园林、尹拯故宅（表2-9、表2-10）。

中国的隐居园林分析对象   表2-9

序号	园名	建造时期		园主	位置	缘由
1	辋川别业	唐	约727年	王维（692～761年）	陕西省西安市蓝田县辋川镇白家坪村	L4
2	履道坊宅园	唐	824年	白居易（772～846年）	河南省洛阳市洛龙区安乐镇狮子桥村	L4
3	独乐园	北宋	1073年	司马光（1019～1086年）	河南省洛阳市洛龙区诸葛镇诸葛洪恩寺	L2
4	寄畅园	明	1591年	秦耀（1544～1604年）	江苏省无锡市梁溪区路惠河路2号	L3
5	随园	清	1748年	袁枚（1716～1798年）	江苏省南京市鼓楼区广州路五台山体育馆	L2

韩国的隐居园林分析对象   表2-10

序号	园名	建造时期	建园者	所在地	缘由
1	独乐堂	1516年	李彦迪 1491～1533年	庆尚北道庆州市安康邑玉山里1600-1号	L2

序号	园名	建造时期	建园者	所在地	缘由
2	潇洒园	1520年	梁山甫 1503～1557年	全罗南道潭阳郡南面芝谷里	L2
3	瑞石池	1613年	郑荣邦 1577～1650年	庆尚北道英阳郡立岩面莲塘里	L2
4	甫吉岛芙蓉洞园林	1637年	尹善道 1587～1671年	全罗南道莞岛郡甫吉岛	L2
5	尹拯故宅	约17世纪	尹拯 1629～1714年	忠清南道论山郡鲁城面校村	L1

3 中国隐居园林典型案例分析

3.1 辋川别业

园主王维，字摩诘，号摩诘居士，唐代著名的诗人、画家、佛教学者，出生于山西。王维前半期反复出仕和入仕。公元 721 年虽进士及第，但因受牵连降职淇上。公元 728 年辞官隐居淇上，埋头于佛学。公元 734 年隐居嵩山，次年再次进入仕途。公元 741 年，再次隐居终南山，次年重新当官。公元 744 年购置辋川别业进行改建，此时他对佛学产生了浓厚的兴趣，对政治漠不关心，致力于经营园林。同时由于唐代官员们休假较多，这为王维长期隐居于辋川提供了良好的条件，自此王维便长期在辋川中过着"半官半隐"的生活。王维晚年彻底辞去官职，完全隐居于园林。[1]

王维的"半官半隐"从他的诗作《暮春太师左右丞相诸公于韦氏逍遥谷宴集序》中可以看出："不废大伦，存乎小隐，迹崆峒而身拖朱绂，朝承明而暮宿青霭，故可尚也。"意思是说，身负官职，但隐居于蔽林，隐居学仙也身着官服，早上在朝堂，傍晚在云雾缭绕的山间。王维从小跟随母亲学佛，并在佛学上有一定的造诣。他所实践的"半官半隐"的隐居思想就是在禅宗思想影响下而产生的。"菩萨欲得净土，当净其心，随其心净，则佛土净"，"深心清净，依佛智慧，则能见此佛土清净"（《维摩诘所说经》），意思是修行并不一定非要出家，在家和出家只是修行外在形式的区别，重要的是要每时每刻观照当下的心境，同时保持内心的清净。推及隐逸便是，隐于林或是隐于市，长久的隐或是短暂的隐都只是外在形式的区别，最主要的是此时的心境。[2]

禅宗思想对王维的影响也反映在其隐居期间所创作的富有禅意的山水诗和山水画中。如《竹里馆》："独坐幽篁里，弹琴复长啸。深林人不知，明月来相照。"王维借由茂竹、古琴和明月的简单意象，自然生动地呈现出一位孤独的隐士在山林中抚

---

1 周维权 . 中国古典园林史：第 3 版 [M]. 北京：清华大学出版社，2008：229.
2 孙乾 . 王维隐逸思想中的审美意识研究 [D]. 西安电子科技大学，2017.

琴的场景。全诗没有华丽的语言和刻意的修饰，短短几行便营造出淡远冲和、富有禅意的山水意境。又如，王维为园中的另外一个景点所创作的同名诗作《辛夷坞》："木末芙蓉花，山中发红萼。涧户寂无人，纷纷开且落。"芙蓉花开了又落、落了又开，没有执着，没有烦恼，没有喧闹，没有掌声与鲜花。王维在园林中体悟到了大自然无限的空静之美，感受到了静寂中的勃勃生机，一切都是自然而然，无人打扰。园主不断试图在出仕与入仕之间寻找一种平衡，最终在禅宗思想的指导下寻找到了最适合于自己的"半官半隐"、禅宗式的隐居方式。

在选址上，辋川别业散落式地建在距长安城约 40 公里的辋谷中。辋谷是沿着辋峪江延伸的狭长峡谷。在古代，40 公里的距离恰好是车马一天往返的路程，这刚好满足园主王维"半官半隐"的隐逸需求。[1] 园林建在山地，占地面积非常大，《辋川志》[2] 评价辋川"形胜之妙，天造地设"，是理想旅游胜地，且地理位置非常适合建造园林。园林的建造最大程度利用山地天然的自然景致，仅稍作人工修饰（图 3-1）。

辋川别业的园林山水要素主要是自然山水景观。植物要素中，竹子最多，此外还包括杏树、柳树、洋槐树和广泛种植的生产性农作物。在建筑要素的特征上，首先，园林的布局呈分散式。其次，建筑材料主要采用易于获取的本地资源，如杏树、竹子和茅草等。最后，建筑的外观朴素简单，与周边自然环境和谐统一。例如，园主的主要居住和会客场所文杏馆，其横梁和柱子使用的是本地盛产的杏树木材，并采用稻草建造屋顶。王维常独自修身的竹里馆是一个结构简单的单间，周围环绕着竹林。

辋川别业在空间结构的设计上非常注重隐蔽性，方法是巧妙地将建筑与树木、山石等自然元素融为一体。以竹里馆为例，它被密集的竹林所环绕，营造出一种安静而隐秘的氛围，成为园主抚琴和作诗的理想之地。文杏馆

图 3-1　辋川别业位置图

1　乔永强 . 辋川别业不是园林 [J]. 北京林业大学学报：社会科学版，2006（2）：43-45.
2　《辋川志》由清朝蓝田知县胡元煐主持编纂。

是园林中的主要住宅建筑，其周围种植着大片的杏树，不仅美化了环境，也为园主提供了一个安静且隐蔽的休憩空间。华子岗不仅是日常生活起居的主要场所之一，也是进入辋川别业后首先映入眼帘的建筑。它巧妙地隐藏在山石和植被之中，与自然景观和谐融合。辋川别业在空间结构的设计上也非常注重与自然的连接性，主要方法是建造可以借用自然风景的建筑类型。以临湖亭为例，此建筑群离水较近，可以方便地观赏水景（表3-1）。

辋川别业的空间结构特征 表3-1

隐蔽性	与自然的连接性
将建筑隐蔽于树木山石等自然要素中，如竹里馆	借景建筑外的自然风景，如临湖亭
竹里馆	临湖亭

每每休假，王维便会在辋川别业短暂隐居。[1] 他在园中的主要居所是靠近园林入口处的文杏馆，次要居所是在湖的南北处构建的南垞和北垞，这些地方湖光山色都可尽收眼底。有时王维独自在竹里馆中研读经典，吟诗作赋，享受回归大自然的赏心乐事，有时邀请志同道合者一起畅游山水，其中来访次数最多的是诗人裴迪。[2] 据《辋川集·序》[3]："余别业在辋川山谷，其游止有孟城坳……与裴迪闲暇各赋绝句云耳"，"浮舟往来，弹琴赋诗，啸咏终日。"两人赋诗唱和，共作成40首诗，分别描述了20个景点，结集为《辋川集》。园中还种有许多生产性质的植物园地，用于观赏及提供生

1　陈铁民. 也谈王维与唐人之"亦官亦隐"[J]. 东南大学学报（哲学社会科学版），2006，8（2）：78-81.

2　王铎. 中国古代苑林与文化 [M]. 武汉：湖北教育出版社，2002：189.

3　《辋川集》是王维和裴迪在辋川创作的40首诗的合集。

活资料，如种植漆树园与椒树园。裴迪为此景赋诗道："好闲早成性，果此谐宿诺。今日漆园游，还同庄叟乐。""丹刺胃人衣，芳香留过客。幸堪调鼎用，愿君垂采摘。"因战乱等因素，辋川别业园林早已消失殆尽，对当时的隐居场景与活动进行深入研究，也只能通过相关诗词、历史图像资料等。王维创作的壁画《辋川图》是已知最有研究价值的园图，尽管原作早已消失，但幸存下的众多著名画家的临摹作品，为我们提供了珍贵的研究资料。郭忠恕的临摹版被普遍认为最具艺术价值，它细致地刻画了园林中的建筑，充分体现了王维园林的诗情画意。画作还根据《辋川集》描述的顺序，生动展现了王维理想中的隐居生活。

根据以上内容，整理出园林主要活动及活动场所。分析可知辋川别业的园林空间是个人性的、公共性的，主要用途是短暂居住、学习、休息和游览等（表3-2，图3-2）。

辋川别业的空间使用特征　　　　　　　　　　　　　　　　　表3-2

性质	个人的、开放的		活动内容	场所
用途	短暂居住、游览、休息		居住	文杏馆、南垞、北垞
场所	①华子冈②辋口庄③孟城坳④文杏馆⑤斤竹岭⑥木兰柴⑦茱萸沜⑧宫槐陌⑨南垞⑩欹湖⑪临湖亭⑫柳浪⑬栾家濑⑭金屑泉⑮北垞⑯白石滩⑰竹里馆⑱辛夷坞⑲漆园⑳椒园		会友、游览、文艺创作	全园
			读书	竹里馆
			务农	漆园、椒园

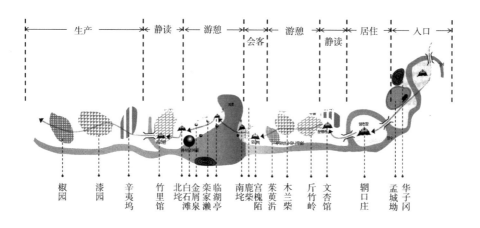

来源：Wang Yi（王毅），김대원 역.원림과 중국 문화.서울：학고방，2014.

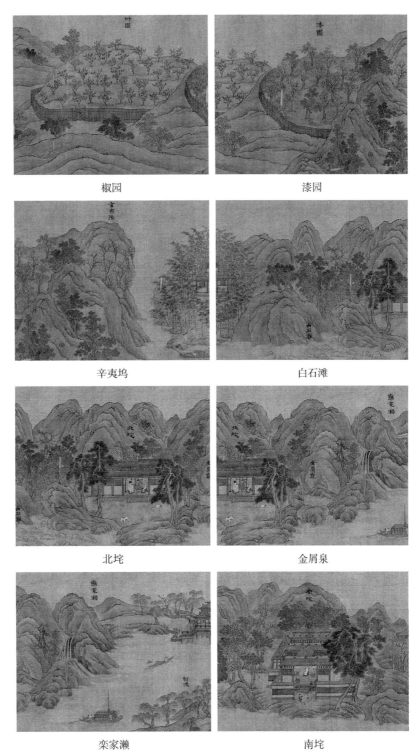

椒园

漆园

辛夷坞

白石滩

北垞

金屑泉

栾家濑

南垞

图 3-2　辋川别业的景点图（一）
来源：《辋川图》（宋代郭忠恕）

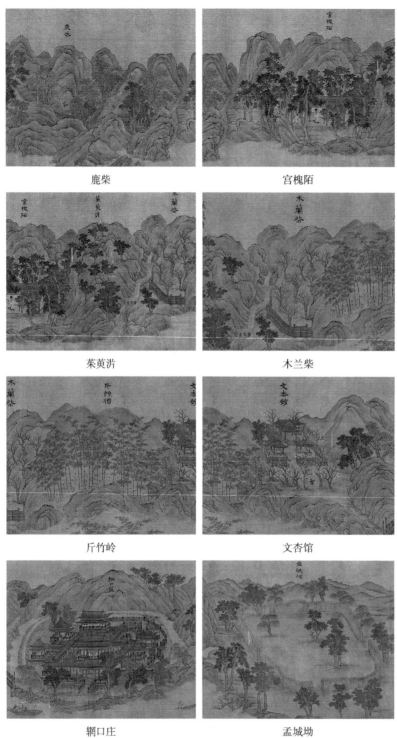

鹿柴　　　　　　　　宫槐陌

茱萸沜　　　　　　　木兰柴

斤竹岭　　　　　　　文杏馆

辋口庄　　　　　　　孟城坳

图3-2　辋川别业的景点图（二）
来源：《辋川图》（宋代郭忠恕）

3.2 履道坊宅园

　　园主白居易，字乐天，号香山居士，又号醉饮先生，唐代著名诗人。出生于河南新郑，少年时因政治上的动荡被迫与家人流亡。公元800年进士及第，进入仕途。815年因直言进谏遭到诬陷，之后被贬职。之后又经历了数次贬职。白居易经常会在被贬之地建造园林，半官半隐居于其中，经历过生活和政治上的跌宕起伏之后，最终选择洛阳作为其终老之地，并建造履道坊宅园隐居。[1]

　　白居易一生建造了数个园林，但其中投入最多、经营时间最长、歌咏最为丰富的便是履道坊宅园。白居易的隐逸同样受到了禅宗思想的影响，形成了与王维的半官半隐十分相近的"中隐"理论。[2]白居易在园林隐居期间创作的《中隐》一诗很好地诠释了这一理论：

> 大隐住朝市，小隐入丘樊。丘樊太冷落，朝市太嚣喧。
>
> 不如作中隐，隐在留司官。似出复似处，非忙亦非闲。
>
> 不劳心与力，又免饥与寒。终岁无公事，随月有俸钱。
>
> 君若好登临，城南有秋山。君若爱游荡，城东有春园。
>
> 君若欲一醉，时出赴宾筵。洛中多君子，可以恣欢言。
>
> 君若欲高卧，但自深掩关。亦无车马客，造次到门前。
>
> 人生处一世，其道难两全。贱即苦冻馁，贵则多忧患。
>
> 唯此中隐士，致身吉且安。穷通与丰约，正在四者间。

　　白居易认为，在繁华的朝市隐居过于喧嚣，哪怕能保持精神上的超然，也难免被视为追求财富和名声；而隐居于偏僻的野外虽能出淤泥而不染，却又显得孤寂过甚。而亦官亦隐、亦朝亦野，在一个无关紧要的闲职之下以闲适旷达的心态隐逸于都市边缘，才是其理想的生活状态。在此状态下，"精神的高洁与物质的舒适达到统一，社会责任与个人自由相互平衡"[3]，由此也能够看出，履道坊宅园便是白居易中隐理论

1　王毅. 中国园林文化史 [M]. 上海：上海人民出版社，2014：212.

2　陈铁民. 也谈王维与唐人之"亦官亦隐"[J]. 东南大学学报（哲学社会科学版），2006（2）：78-81.

3　杨晓山. 私人领域的变形：唐宋诗歌中的园林与玩好 [M]. 南京：江苏人民出版社，2008.

的典型实践，同时也是其禅宗隐居理念的具体体现。

履道坊宅院地处城内西北角人烟稀少之地，园林的西面和北面毗邻伊水。所在地为城内风景最佳处，白居易评价说："都城风土水木之胜在东南隅。"同时洛阳城肥沃的土地，温和的气候也非常适宜花卉竹木的生长。但由于该地位于城市内，因此与城市外的各种山林相比，地势平坦，周边自然景观相对单调，但距离城市中心较远，所以也就远离了喧嚣。

由《唐宋洛阳私家园林分布图》可以看出履道坊宅园周围私家园林众多。"洛城内外，凡观、寺、丘、墅，有泉石花竹者，靡不游；人家有美酒鸣琴者，靡不过；有图书歌舞者，靡不观。自居守洛川及泊布衣家，以宴游召者亦时时往。"意思是说洛城内外园林周围，凡是道观寺庙山丘原野，有泉石花竹的地方，园主没有不游览的。有美酒、有弹琴的人家，没有不去拜访的；图画、歌舞，没有不去观看的；以集会游览为由邀请的，也经常前往。由此可知，园林周边建有大量促进园主交流的人文场所。园主在这种环境中既可以安静自由地享受隐居生活，又便于处理公务，这是实现"中隐"理念的关键条件。[1]（图3-3、图3-4）

履道坊宅园中的山水要素主要是师法自然的人工景观。园中水域占据了园林总面积的三分之一。园中植物主要是竹子，其次是松树、莲花、菊花和其他生产性植物。建筑空间特点包括围绕水域布局、广泛使用本地材料，形制简单、楼层低矮，以功能为主而不追求奢华，并遵循礼制规范。例如，住宅采用规整的三进式院落布局，这符合园林主人当时的社会身份和等级。诗句"新结一茅茨，规模俭且卑。土阶全垒块，山木半留皮"表明，园中主要的观景点草亭采用了未加工、未装饰的原始材料，展现出简单而质朴的形态（图3-5、图3-6）。

履道坊宅园在空间设计上特别强调隐蔽性，这体现为在大型空间内创造小型隐蔽空间的方式上。比如履道坊宅园的住宅区域特点是建筑物群的紧密布局，使得区域内的空间相比于外围具有明显的隐蔽性。履道坊宅园的空间连接性表现为师法自然，建造宛如自然的人工自然景观。例如，通过引河水入园并建造人工湖，实现了园林内部人工空间与自然空间的融合（表3-3）。

1　孙丽娟.洛阳东都履道坊白居易第宅庭园研究[J].河南教育学院学报（哲学社会科学版），2014，33（3）：17-22.

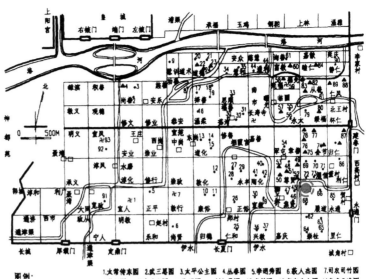

图 3-3　辋川别业周边环境图
来源：《唐宋洛阳私家园林分布图》

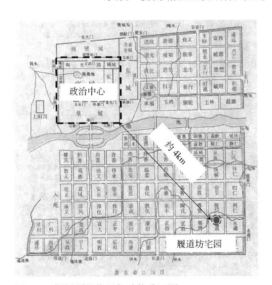

图 3-4　辋川别业位置与功能分区图
来源：王铎.中国古代苑林与文化 [M].武汉：湖北教育出版社，2002：210.

图 3-5　履道坊住宅构成要素特征及分布图
来源：王铎.中国古代苑林与文化 [M].武汉：湖北教育出版社，2002：215.

图 3-6　草亭
来源：（清）曹夔音《池上篇图》

履道坊宅园的空间结构特征　　　　　　　　　表 3-3

隐蔽性	与自然的连接性
营造大空间内的小空间，以增强小空间的隐蔽性	师法自然，建造宛如天然的人工自然景观
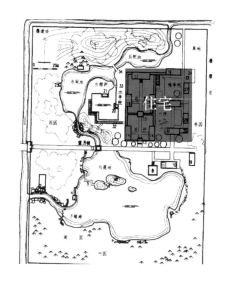	   
履道坊宅园隐蔽性示意图 来源：王铎.中国古代苑林与文化 [M]. 武汉：湖北教育出版社，2002：215.	履道坊宅园与自然的连接性示意图 来源：（清）曹夔音《池上篇图》

白居易在园中隐居期间创作了大量诗文，反映了他的隐居生活与心境。如白居易借《醉吟先生传》将自己比喻为"醉吟先生"，并描写了建造园林的原因和隐居于园林里的生活场景（图3-7~图3-9）。通过考察白居易隐居在园林期间创作的诗作，对白居易具体的活动内容和对应场所进行整理，综合可知，履道坊宅园的园林空间具有个人性和公共性，主要用途是长期居住、学习、休憩和游览等（表3-4、表3-5）。

园主在履道坊宅园中的隐居活动　　　　　　　　　　　　　　　　表3-4

	活动内容	场所
居住	居住地建在园林东北侧，是白居易及家人日常生活的场所[1]	住宅
读书讲学	虽有子弟，无书不能训也，乃作池北书库[2]	书库
宴会	虽有宾朋，无琴酒不能娱也。乃作池西琴亭，加石樽焉[3]	西琴亭
诵经	叩齿晨兴秋院静，焚香冥坐晚窗深。七篇真诰论仙事，一卷檀经说佛心[4]	水堂水亭
音乐鉴赏	又命乐童登中岛亭，合奏霓裳散序[5]	中岛亭西平桥
喝酒吟诗演奏	每良辰美景或雪朝月夕，好事者相遇，必为之先拂酒罍，次开诗筐，诗酒既酣[6]	住宅区域外
雅集	东都弊居履道坊，为尚齿之会，七老相顾，既醉且欢[7]（图3-12）	住宅区域外
务农	在园林的东北处种植生产性植物，具有自给自足的功能，且具有观赏性	农耕地

图3-7　香山九老图
来源：（宋）马兴祖《香山九老图》

1　禄梦洋.唐代洛阳履道坊白居易宅园营造研究 [D].西安建筑科技大学，2015.
2　白居易《池上篇并序》
3　白居易《池上篇并序》
4　白居易《味道》
5　白居易《池上篇并序》
6　白居易《醉吟先生传》
7　白居易《尚齿九老之会》

履道坊宅园的用途特性		表 3-5
性质	个人的、公共的	
用途	长期居住、学习、休憩、游览	
活动种类	活动内容	场所
起居	日常起居	住宅
游憩	宴会，欣赏音乐，喝酒，吟诗，演奏，雅集	厢房、前院
学习	读书，讲学	水堂、水亭、水库
耕作	耕种	农耕地

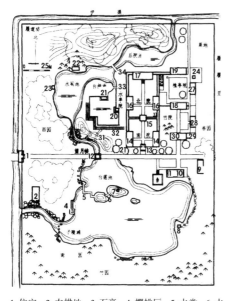

1. 住宅 2. 农耕地 3. 石亭 4. 樱桃厅 5. 水堂 6. 水亭 7. 新润亭 8. 池北亭 9. 书库 10. 仓廪 11. 西小楼 12. 明月廊 13. 西琴亭 14. 西平桥 15. 中岛亭

图 3-8 履道坊宅园平面图
来源：王铎.中国古代苑林与文化[M].武汉：湖北教育出版社，2002：215.

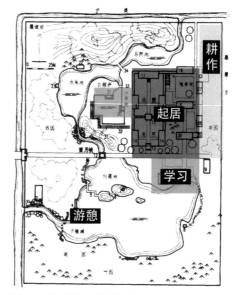

图 3-9 履道坊宅园功能分区图
来源：王铎.中国古代苑林与文化[M].武汉：湖北教育出版社，2002：215.

3.3 独乐园

园主司马光（1019～1086年），字君实，号迁叟，北宋政治家、史学家、文学家。熙宁四年（1071年），司马光因不赞成主流改革派的政见，受到排挤而离开京城，降职到洛阳担任有名无实的闲官。闲居期间，他远离政治舞台，建造园林隐居，埋头著书，历时15年完成历史巨著《资治通鉴》。[1]

司马光在《独乐园记》的开头解释了"独乐"的涵义："孟子曰：'独乐乐，不如与人乐乐。与少乐乐，不如与众乐乐。'此王公大人之乐，非贫贱者所及也。孔子曰：'饭蔬食，饮水，曲肱而枕之，乐亦在其中矣。'颜子一箪食，一瓢饮，不改其乐。此圣贤之乐，非愚者所及也。若夫鹪鹩巢林，不过一枝；偃鼠饮河，不过满腹；各尽其分而安之。此乃迂叟之所乐也。"[2]

独乐园的诗歌以及对应的隐居史迹　　　表3-6

诗文	典故	诗文	典故
读书堂	吾爱董仲舒，穷经守幽独。所居虽有园，三年不游目。邪说远去耳，圣言饱充腹。发册登汉庭，百家始消伏	董仲舒（179～104年）：西汉时期著名的儒学大师，他专注于学问，3年期间没有出过家门。此后，汉武帝重用他，提出"罢黜百家，独尊儒术"的主张，自此确立了儒家的权威地位	弄不轩	吾爱杜牧之，气调本高逸。结亭侵水际，挥弄消永日。洗砚可抄诗，泛觞宜促膝。莫取濯冠缨，区尘污清质	杜牧之（803～852年）：唐朝著名诗人。其诗以咏史抒怀为主，格调高远。曾任池州刺史，在任职期间游遍当地山水园林，并写下《题池州弄水亭》。弄不轩是以诗中的弄水亭为原型修建的
钓鱼庵	吾爱严子陵，羊裘钓石濑。万乘虽故人，访求失所在。三公岂非贵，不足易其介。奈何夸毗子，斗禄穷百态	严子陵（公元前37～公元43年）：东汉时期著名的隐士，皇帝多次应召，但都拒绝，一辈子隐居在富春山，耕田捕鱼，自娱自乐。成为后世不慕权贵、品行高尚的榜样	种竹斋	吾爱王子猷，借宅亦种竹。一日不可无，萧洒常在目。雪霜徒自白，柯叶不改绿。殊胜石季伦，珊瑚满金谷	王子猷（338～386年）：东晋名士，出身名门，本人率性不羁，举止潇洒，颇受时人欣赏。曾在借居处大量种竹子，旁人疑惑：短暂居住，为何要这么麻烦？他说，我不能一日没有竹子。同时司马光在诗中说，这些竹子比洛阳当时的一个奢侈豪华的名园金谷园中的光彩溢目的珊瑚树要好看

1 周维权.中国古典园林史：第3版[M].北京：清华大学出版社，2008：181.

2 陈植，张公弛选注.中国历代名园记选注[M].合肥：安徽科学技术出版社，1983：9.

	诗文	典故		诗文	典故
采药圃	吾爱韩伯休，采药卖都市。有心安可欺，所以价不二。如何彼女子，已复知姓字。惊逃入穷山，深畏名为累	韩伯休（？~？）：东汉时期有名的隐士。经常在山里采药草。因在街市卖药被认出，于是立马隐居深山，皇帝屡召不仕	浇花亭	吾爱白乐天，退身家履道。酿酒酒初熟，满花花正好。作诗邀宾朋，栏边长醉倒。至今传画图，风流称九老	白乐天，即白居易（772~846年）。白居易晚年隐居于履道坊宅园，并在园中按照友人所授法酿酒，浇花赏石
见山台	吾爱陶渊明，拂衣遂长往。手辞梁主命，牺牛惮金鞅。爱君心岂忘，居山神可养。轻举向千龄，高风犹尚想	陶渊明（365~427年）：晋朝末期著名的隐士、诗人、文学家。因为不愿意为五斗米折腰，辞官隐居于田园，不赴朝廷的应召			

　　但司马光所说的"独乐"并不是不顾他人而独自享乐，而是极度谦虚地表达了独立自尊的快乐。他虽然想和别人一起分享田园生活的快乐，但因世人抛弃了田园，隐居于田园的快乐就成了无可奈何的独乐。

　　司马光以园林中的七个主要场所为主题作诗，每首诗都对应了一位先贤名士的典故（表3-6）。各首诗都以"吾爱"开头，表现了司马光对七位先贤的崇敬，也借由此阐述了自己的精神追求。其中4首都是与隐居有关的故事。隐士严子陵和韩伯休不担任官职，以钓鱼和挖药草为乐，不追求富贵和名誉，过着追求自然和无为的道家式的隐居生活；隐士陶渊明不为利禄屈身小人，虽已隐居，仍心系天下。这是司马光隐居期间的内心写照，也是他儒家式隐逸的表现。隐士白居易强调内心而非形式的"中隐"，这影响了司马光对隐逸的态度和思想。

　　其他的三首诗中的典故虽然与隐居没有直接关系，但也都是为了坚守道义的隐士们所推崇的生活状态。董仲舒专心致学、弘扬儒学。王子猷不可居无竹，同时评价这比富丽堂皇的珊瑚树要好看，表达出了司马光对具有高尚品格象征的竹子的喜爱，也表达了他对于奢侈炫耀的反对，对简朴低调、高尚内涵的追求。杜牧之优雅淡泊的生活态度也正是园主所追求的。综合考察园林中景名园名的含义，可以得到

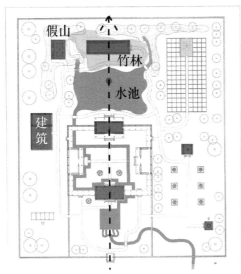

图 3-10 独乐园要素特征分析图
来源：贾珺.北宋洛阳司马光独乐园研究[J].建筑史，
2014（2）：103–121.

图 3-11 河南地坑院
来源：贾珺.北宋洛阳司马光独乐园研究[J].
建筑史，2014（2）：103–121.

独乐园的建造是基于儒家式的隐居思想，园林空间中也融入了司马光对于道家和佛教思想的思考。

独乐园中的景观要素以读书堂为中心，因地制宜，考虑到周边地形和自然风景，进行自由式的、大体对称式的布置。与辋川别业和履道坊宅园相似，独乐园也是注重功能，朴素自然，因地制宜，就近取材，与山水植物有机结合。中心建筑读书堂木质结构，体积较小（图 3-10）。主要居住建筑之一的凉洞采用了当地特色的地坑院的民居建筑风格（图 3-11）。庞元英在文章中对司马光在独乐园中的状况描写道："司马公在陋巷，所居才能庇风雨；又作地室，常读书于其中。"[1]（司马光居住在简陋的仅能勉强遮风挡雨的房子里，又建造了地室，他经常在此处读书）

独乐园空间隐蔽性的营造主要通过两种手法实现：首先，园内种植高大树木并设置围栏，从而为建筑内部空间提供隐蔽性。例如，读书堂是园主保管书籍、阅读和写作的场所，为增强其隐蔽性，特意在建筑周围种满了高大茂密的植被。其次，采用具有隐蔽特质的建筑方式，如模仿当地民宅形式建造的凉洞，通过挖地和在墙壁上开洞的方式，创建了一个既凉爽又隐蔽的洞穴式居住空间。这里是园主居住、著书和学

1　出自于《文昌杂录》，作者庞元英，北宋学者、政治家。

习的主要场所，既保证冬暖夏凉的居住舒适度，也保持了园主在其中著书和学习的空间的隐蔽性。

独乐园营造自然连接性的手法首先是借景园外，即通过建造较高的假山或建筑物，来欣赏园外的自然风景。例如，为了更好地欣赏万安山和太行山的景色，园林中特意堆建了假土山，并在其顶部建造了玄山台，以便观赏远处的山景。另一种手法是师法自然，即在园林中创造宛如自然的人工山水景观（表3-7）。

独乐园的空间结构特性　　　　　　　表3-7

隐蔽性	与自然的连接性
通过种植高大的树木，设置围栏，营造建筑内部空间的隐蔽性，如读书堂	借景园外，如见山台
使用具有隐蔽特质的房屋建造方式，如凉亭	师法自然，在园林中建造宛如自然的人工山水景观，如钓鱼庵

司马光在《独乐园记》[1]中记述了自己园林里的日常生活："迂叟平日多处堂中读书……志倦体疲，则投竿取鱼，执衽采药，决渠灌花，操斧伐竹，濯热盥手，临高纵目，逍遥徜徉，唯意所适。"（我平日大多在读书堂中读书，神志倦怠了，身体疲惫了，就手执鱼竿钓鱼，撩起衣襟采摘药草，挖开渠水浇灌花草，挥动斧头砍伐竹子，灌注热水洗涤双手，登临高处纵目远眺，逍遥自在徜徉漫游，只是凭着自己的意愿行事。）[2]

由以上的内容可知，司马光的园居活动主要包括以下七项：读书、钓鱼、采摘药草、浇花、种竹子、弄水、登高远眺。这七个活动分别在园中以下七个主要场所中进行：读书堂、钓鱼庵、采药圃、浇花亭、种竹斋、弄水轩、见山台。目前存世可见的《独乐园图》主要有3种，其中以仇英所绘《独乐园图》与《独乐园记》吻合度最高，所以选定其作为图像参考文献（图3-12），但它并不是按照独乐园原有的布局，而是按照园记中景点的顺序绘制。六景中所出现的儒巾袍服的文士，应该就是司马光本人。此外，园林中还有一个主要场所凉洞并未在图中表示出来，此处兼用作司马光

1　陈植，张公弛.中国历代名园记选注[M].合肥：安徽科学技术出版社，1983：24.

2　이주희.詩品의 風格과 韓國 隱士文化의 建築[D].가천대학교, 2016.

读书 / 迁叟平日多处堂中读书 / 读书堂

种竹 / 操斧剖竹 / 种竹斋

钓鱼 / 则投竿取鱼 / 钓鱼庵

弄水 / 濯热盥手 / 弄不轩

采摘药草 / 执衽采药 / 采药圃

登高远眺 / 临高纵目 / 见山台

浇花 / 决渠灌花 / 浇花亭

图 3-12　独乐园中的活动及其对应的场所
来源：（明）仇英《独乐园图》

的住宅和书房。[1]

　　司马光经常邀请志同道合的文人朋友们到园中雅集。《同张伯常会君实南园》记录了在独乐院中的雅集活动和文人戏水饮酒的情景："弄水衣襟湿，遵流酒盏徐。密席延商皓，高风迈汉疏。"

　　此外，由于洛阳本地的风俗，独乐园每年春季要向公众开放游览，每到这时，游者络绎不绝。综合上述信息，对园林活动和对应的场所进行整理如表 3-8。同时可

1　贾珺. 北宋洛阳司马光独乐园研究 [J]. 建筑史，2014（2）：103-121.

知，独乐园的园林空间具有社会性和个人性，主要用途是长期居住、游览及休憩等（图3-13、图3-14）。

<table>
<tr><td colspan="3" align="center">独乐园的使用特征</td><td align="right">表 3-8</td></tr>
</table>

活动类别	活动内容	场所
居住	居住	凉洞
游憩	钓鱼	钓鱼庵
	登山 / 观景	见山台
	弄水	弄不轩
	游览	除凉洞外区域
	雅集	除凉洞外区域
读书	学习	读书堂
耕种	采草药	采药圃
	种竹	种竹斋
	浇花	浇花亭

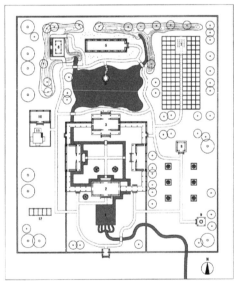

1. 读书堂　2. 钓鱼庵　3. 采药圃　4. 见山台　5. 弄不轩
6. 种竹斋　7. 浇花亭　8. 凉洞

图 3-13　独乐园平面图
来源：贾珺.北宋洛阳司马光独乐园研究 [J].建筑史，2014（2）：103-121.

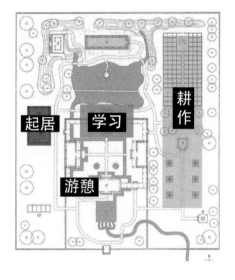

图 3-14　独乐园功能分区图
来源：贾珺.北宋洛阳司马光独乐园研究 [J].建筑史，2014（2）：103-121.

3.4 寄畅园

园主秦耀,字道明,号舜峰,为明代杰出的诗人及政治家。1571年,秦耀及第入仕,仕途顺遂,至46岁时已官居高位。然而,48岁时因遭诬陷而被罢官,遂悻悻归乡。归乡后,他重建了祖宅园林,并将之前的"凤谷行窝"更名为"寄畅园",自此隐居其中,不再出仕。

作为一座历史悠久的园林,寄畅园更名并非小事,园名背后蕴含了园主的人生追求与深层感悟。"寄畅"二字源自王羲之《答许掾》中的"取欢仁智乐,寄畅山水阴",意谓将畅快的心情寄托于山水之间。

秦耀创建此园的初心在于寄情山水,忘却世间纷扰,追求道家式的隐逸生活。尽管如此,秦耀并非彻底放下俗世之事,成为深山老林中的隐者。在他身上,更多体现的是儒家的入世精神。遭贬之后,他未曾再被召回,政治抱负也不能再次施展,也未能完全在园林中寄情畅意,最终因郁结成疾而病逝。[1]

秦耀在寄畅园完工后,为园中的二十大景点分别赋诗,合称《寄畅园二十咏》。他同时邀请王穉登撰写了《寄畅园记》,宋懋晋绘制《寄畅园五十景图》。王穉登在其园记中详细描述了园中的景致和园名的典故来源,每一处景点都蕴含着隐士隐居的故事,展现了深厚的隐逸文化(表3-9)。

寄畅园场所包含的隐居典故 表3-9

场所	文献	人物/出处	先贤名士	道家	儒家	禅宗
知鱼槛	寄畅园二十咏	庄子/《秋水》	庄子不仅是道家思想的代表人物,还是中国历史上著名的隐士	●		
玄堂	寄畅园二十咏	扬雄/《太玄经》	扬雄曾在皇帝藏书的天禄阁担任校刊工作,后辞官隐居,期间编著《太玄经》,深入研究老子的"玄"思想	●		

---

1 黄晓,刘珊珊. 明代后期秦耀寄畅园历史沿革考[J]. 建筑史,2012(1):112-135.

场所	文献	人物/出处	先贤名士	道家	儒家	禅宗
卧云堂	寄畅园记	谢安/《世说新语·俳调》	谢公在东山，朝命屡降而不动。……（高灵）戏曰：卿屡违朝旨，高卧东山，诸人每相与言：'安石不肯出，将如苍生何！今亦苍生将如卿何？'谢笑而不答/谢安（谢公）隐居东山期间，朝廷多次邀请，但均未答应。高灵讽刺说："你之前屡次违背朝廷的旨意，在东山隐居，大家经常在一起议论说：'安石不出山，他将怎样面对天下的百姓！'现在天下百姓又将如何面对你呢？"谢公笑而不答		●	
曲涧	寄畅园记	王羲之（303～361年）/流觞曲水/《兰亭序》	流觞曲水是文人墨客诗酒唱酬的一种形式。王羲之，东晋著名书法家，晚年辞官隐居	●		
含贞宅	寄畅园记	陶弘景（456～536年）/《梁书·陶弘景传》	贞白先生特爱松风，每闻其响，欣然为乐。陶弘景，古代著名隐士、医药家、炼丹家、文学家。辞官隐居深山，虽不出仕，但深得皇帝的信任，每次国家发生大事时，皇帝都会到其隐居的地方求教。因此也被称为"山中宰相"		●	
桃花洞	寄畅园记	陶渊明/《桃花源记》	陶渊明，古代著名隐士、诗人、散文家，因不愿为五斗米折腰辞官。其后，他过着自给自足的田园生活，并创作了大量描写隐居生活的文艺作品，如《桃花源记》。《桃花源记》中创造了一个与世隔绝的理想世界，表现了作者对现实社会的不满、对隐居生活的渴望		●	
鹤巢	寄畅园记	王维/《山居即事》	鹤集松树遥，人访草门稀/王维隐居于辋川别业			●
箕踞室	寄畅园记	王维/《与卢员外象过崔处士兴宗林亭》	科头箕踞长松下，白眼看他世上人/王维隐居于辋川别业			●
清响扉	寄畅园记	孟浩然（689～740年）/《夏日南亭怀辛大》	荷风送香气，竹露滴清响/孟浩然，唐代著名山水派诗人，早年仕途不顺，后修道归隐		●	

场所	文献	人物 / 出处	先贤名士	道家	儒家	禅宗
松石	寄畅园记	李敬义 （787～849年）/ 《旧五代史·李敬义传》	有醒酒石，德裕醉即踞之，最保惜者 / 李敬义（或李裕德）是历史上著名的政治家，遭遇排挤后依然忠于皇帝。他酷爱园林中的醒酒石，每次喝醉了便靠着它。秦耀以"松石"比喻醒酒石		●	
先月榭	寄畅园记	白居易 /《先月榭》	结构池西廊，梳理池东树。此意人不知，欲为待月处 / 这是白居易为履道坊宅园创作的诗中的一首。园主借此来表达自己的隐居用意			●

秦耀虽然试图通过道家式的隐居生活摆脱政治带来的失望与挫败，但作为儒者，他仍心系天下大义，内心期盼重返仕途。由此可见，他的隐居生活实际上是一种儒家式的隐居。

寄畅园坐落于城市西侧，介于锡山和惠山之间的平地上，东北侧与运河相连，周围环境幽静，风景秀丽。虽位于平地，缺少山林的地势优势，但其自然景观远胜于城中园林。园林南侧紧邻惠山寺，西侧锡山上则建有无锡文风象征的龙光塔（图3-15）。[1]

寄畅园的空间构成以人工要素为主，巧妙地模仿自然山水形态。园中以竹子为主要植物，其次为松树、桃花、牡丹和莲花。建筑上，南部建筑较为密集，布局整齐，沿中轴线对称分布；北部建筑则较为稀疏，布局自由，依湖而建。建筑风格多样而简约，与园内的山水植物和谐融合（图3-16）。[2]

寄畅园的空间结构设计巧妙地融合了隐蔽性和与自然的连接性。在隐蔽性方面，首先通过居住和休闲空间的有效划分，增强了空间的私密性。园林南部主要用于居住和学习，而北部则是休闲娱乐的区域，两者之间以高园墙分隔，确保不同功能空间的隐私和独立性。北侧设有主要入口，而西南侧则设有一个隐蔽的小门，东南面也开设了一个后门，形成一个独立且隐秘的空间院落。这样的设计巧妙增强了日常起居区的隐蔽性，同时避免园林主体区域在举办雅集等活动时可能产生的喧闹影响。其次，园

---

1 潘颖颖.传统山麓私家园林基址环境与空间研究 [D].浙江农林大学，2012：19.
2 毛茸茸.与君犹对秦楼月：惠山秦氏寄畅园研究 [D].中国美术学院，2016.

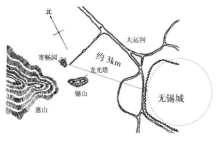

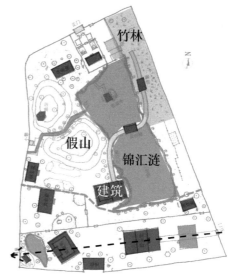

图 3-15　寄畅园地理位置图
来源：周维权.中国古典园林史：第 3 版 [M].北京：清华大学出版社，2008：402.

图 3-16　寄畅园构成要素特征及分布图
来源：黄晓，刘珊珊.明代后期秦燿寄畅园历史沿革考 [J].建筑史，2012（1）：112-135.

林入口设计狭窄而隐蔽，营造出陶渊明式的"初极狭，才通人"的隐逸空间感。寄畅园内部空间的进入路线分为两种：陆路和水路。沿陆路进入，游客首先会经过水院，其中有规整的方池和平桥。穿过平桥后，会见到一片茂密的竹林，随后穿过竹林中的长廊，最终来到一个开阔的敞轩，这里视野开阔，给人一种心旷神怡的感觉。若选择水路，游客可在平桥旁乘舟，穿过南墙上的拱门进入锦汇漪，这一路线也同样能够收获美不胜收的景观体验。

　　在寄畅园的自然连接性设计方面，其一体现在借景园外自然空间的巧妙运用。园内如鹤巢、邻梵阁和凌虚阁等高耸建筑，紧邻园墙而建，专为观赏园外风景。这些建筑分别位于园的东南角、南侧和西南角，因此游客能够从高处一览锡山、惠山的秀美景致和惠山寺的古朴风貌。其次，园内的景观设计模仿自然，营造出如同天然的人工景观，例如爽台、人工瀑布和锦汇漪等，这些元素既呈现出自然之美，又体现了人工的巧夫之手，使寄畅园成为自然与人文和谐共融的典范（表 3-10）。

寄畅园的空间结构特征 表 3-10

	①对居住空间和休闲空间的有效分割	②营建窄小的进入空间，以创造出陶渊明式的隐逸空间
隐蔽性	 寄畅园隐蔽性分析图	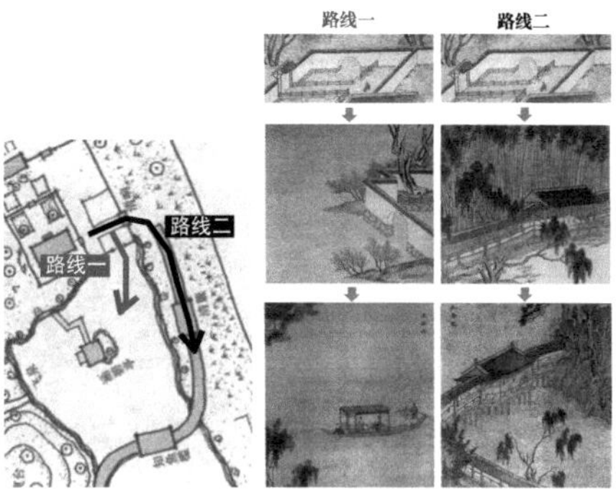 寄畅园与自然的连接性分析图
与自然的连接性	借景园外自然空间，如邻梵阁、鹤巢亭、凌虚阁等	师法自然，在园林建造宛如自然景观的人工景观，如锦汇漪、飞泉、爽台等

寄畅园的南部区域与隐居活动 表 3-11

场所/活动	卧云堂/宴会/主体建筑物，是园中举行正式宴会的场所，"前后层轩，可容数十席"[1]	邻梵阁/观览/离园林不远的地方有惠山寺，"登之可数寺中游人，曰邻梵"[2]	箕踞室/起居/位于卧云堂西南面的起居空间，具有私密性，用于园主的日常居住
园图			

---

1 王穉登《寄畅园记》
2 王穉登《寄畅园记》

场所/活动	含贞斋/静读	盘桓/休憩/主人每来，盘桓于此[1]	鹤巢亭/观景/鹤巢亭与寺院门前的大路相邻，从此处可俯瞰到寺内佛堂进行的佛事活动（亭临寺门大道，可借选佛场，作游戏禅）[2]
园图			

来源：宋愚晋《寄畅园五十景图》

	寄畅园的北部区域与隐居活动		表 3-12
场所/活动	知鱼槛/观景/游览者在这里观赏游鱼和竹林等自然景观	清簌廊/观景/游览者在这里观赏游鱼和竹林等自然景观	采方舟/泛舟、捕鱼/游览者在池塘里划船、喝酒、捕鱼（载酒捕鱼）[3]
园图			

1　王穉登《寄畅园记》
2　华淑《寄畅园记略》
3　王穉登《寄畅园记》

场所／活动	霞蔚／读书／具有书斋的功能（廊接书斋……题霞蔚也）[1]	先月榭／赏月／在此处观景赏月，因景色太美而忘记了说话（流连玩清景，忘言坐来夕）[2]	凌虚阁／观景／游览者或乘船或坐轿，有时还沿途歌舞吹唱，这些场景在楼阁里都一览无余（水瞰画桨，陆览彩舆，舞裙歌扇，娱耳骀目，无不尽纳槛中）[3]
园图			
场所／活动	栖玄堂／雅集、演出／作为雅集和演出的主要场所，用石头层层堆砌，形成高台，并在高台上种植着十多种牡丹，牡丹花盛开时，许多文人墨客聚集在这里赏花、对诗（层石为台，种牡丹数十本，花时中丞公燕余于此）[4]	小憩／赏景／观赏瀑布和园外景色	悬淙／赏景／观赏瀑布和园外景色
园图			

---

1 王穉登《寄畅园记》
2 秦耀《先月榭》
3 王穉登《寄畅园记》
4 王穉登《寄畅园记》

场所 / 活动	飞泉 / 赏景 / 观赏瀑布和园外景色	桃花洞 / 赏景 / 观赏瀑布和园外景色	爽台 / 雅集 / 这个区域平整宽广，设置了大量坐具，与栖玄堂一上一下，共同构成一处开阔的聚会场所，是人们饮酒赋诗、流觞之所
园图			
场所 / 活动	曲涧 / 作诗、饮酒	涵碧亭、宛转桥 / 演出、观景 / 是园中的另一处演出场所，也是观赏瀑布的最佳位置。画中园主与朋友们站在桥头或坐在亭子中，聚精会神地观赏瀑布（别上则园之高台曲树……历历在掌，而园之胜毕）[1]	环翠楼 / 观景 / 登上这座建筑，园林中的美景尽收眼底
园图			

来源：宋愚晋画的《寄畅园五十景图》

---

[1] 华淑《寄畅园记略》

园林主要作为园主专心致学、休憩和日常起居的场所。南部区域主要供园主及家人居住和学习，属于私密空间；北部则为接待客人和宴请的开放区域。园主在此举办过多次雅集，但仅限亲朋好友参加，未对外开放。在园中举办的雅集活动中，许多才华横溢的文人墨客留下了众多佳作。其中，王穉登的园记详细记录了园林的景色，将园林景观按游览顺序一一记录，几乎是一步一景，具有重要的研究价值（表3-11、表3-12）。

综合上述信息可知，寄畅园的园林空间具有个人性和公共性。主要用途是长期居住、游览及休憩等（表3-13，图3-17、图3-18）。

寄畅园的空间使用特征　　　　　　　　　　　　　　　　　表3-13

性质	个人的 / 公共的	
用途	长期居住 / 学习 / 休息 / 游览	
活动种类	活动内容	场所
居住	居住	起居室 / 学所
休闲	游览、雅集、演出、作诗、饮酒、赏景	其他场所
读书	学习	含贞斋 / 霞蔚

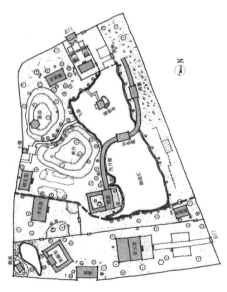

图3-17　寄畅园平面图
来源：赵丹苹，王芳，薛晓飞.清代南京随园复原研究[J].中国园林，2019，35（6）：120-125.

图3-18　寄畅园功能分区图
来源：赵丹苹，王芳，薛晓飞.清代南京随园复原研究[J].中国园林，2019，35（6）：120-125.

3.5 随园

袁枚，字子才，是清代著名的诗人、散文家和文学家。浙江省人，自幼才华横溢。1739 年，袁枚考中进士，后任官，但因不愿迎合权势，三年后被贬，下放江南任地方官七年。他工作勤勉，政绩显著，但因不肯为官场虚伪妥协，于 1749 年辞官，建随园并隐居其中。此后 50 年，除短暂复出一年外，袁枚一直在园内避世休养，终老于此。他在隐居期间，敢于承受外界非议，破除封建礼教，大胆招收女弟子，被后人称赞为具有强烈反抗精神的人物代表。[1]

袁枚在《随园记》[2]中对"随"一词进行了深入解释："随其高，为置江楼；随其下，为置溪亭；随其夹涧，为之桥；随其湍流，为之舟；随其地之隆中而欹侧也，为缀峰岫。随其蓊郁而旷也，为设宧窔。或扶而起之，或挤而止之，皆随其丰杀繁瘠，就势取景，而莫之夭阏者，故仍名曰'随园'，同其音，异其义。"意思是：随着地形的起伏变化，在较高地区建筑江楼，而在较低的地区则兴建溪亭，以此适应不同的地势。考虑到溪涧的自然形态，恰当地架设小桥，以便与周围环境和谐相融。同样，根据小溪的流向和流势，巧妙地设计和建造小船，以适应水流的特点。此外，根据地势的高低起伏，建造假山，用以增添景观的美感。同时，针对树木的茂密程度或稀疏状况，修建与之相称的房屋结构。在有些情况下，需要把建筑物凸显出来，而在其他情况下，则通过适当的遮掩手法，使建筑物与自然景观融为一体。所有这些布局和设计，都是基于对其天然状态的深刻理解和尊重，旨在不对自然环境造成破坏性改变的前提下，进行恰当的增减和布置。

在这段文字中，"随"不仅是随园景观设计的核心理念，也是园主袁枚人生哲学的关键。袁枚强调顺应自然、现状和物性的重要性。他在居所的匾额上写道："不作公卿，非无福命只缘懒；难成仙佛，又爱文章又恋花。"表达了袁枚不愿为官而选择沉浸于文学与自然之美的生活态度。[3]此外，袁枚在《咏随园》一诗中说到皇帝因听闻随园之美而派画家绘制园景（上公误听园林好，来画卢鸿旧草堂）[4]，同时他将

---

1 赵丹苹，王芳，薛晓飞.清代南京随园复原研究 [J].中国园林，2019，35（6）：120-125.
2 陈植，张公弛选注.中国历代名园记选注 [M].合肥：安徽科学技术出版社，1983：359.
3 周维权.中国古典园林史：第 3 版 [M].北京：清华大学出版社，2008：603.
4 刘敦桢.苏州古典园林 [M].北京：中国建筑工业出版社，2006：11.

图3-19 随园地理位置图
来源:《1853年的江宁省城图》,
British Library

随园比作古代隐士卢鸿一的嵩山草堂,反映了袁枚的隐逸生活与艺术造诣(嵩山草堂是中国古代著名隐士卢鸿一的隐居处。因其才能过人,皇帝多次招其为官,但从未出仕,一生隐居嵩山草堂)。

园主袁枚对世俗社会的名誉和利益持有淡泊的态度,他秉承着一种顺应自然、重视生命的道家隐居哲学。这种态度不仅体现在他的生活选择上,也深深影响了他的文学创作和思想。

随园坐落于城内西北角的小仓山上。这座小山脉分为南北两部,而随园巧妙地建造于其间的低洼地带,南面临近运河,周围人迹罕至。

与平地上的园林相比,随园因其独特的山水地理优势而显得格外引人注目。从园内可俯瞰莫愁湖、寺庙等风景名胜,同时也可轻松前往这些风光旖旎之地[1](图3-19)。

园林附近居住着园主的友人,他们经常相互拜访,交流学术见解。例如,居住在随园附近的程廷祚[2]在遇到不解之处时,总会前往随园向袁枚请教;而袁枚一有新作,也总是迅速拿去与他分享("所居宅相近邻,益亲。每读书疑,必质先生。先生有所作,必袖来")[3]。

随园的山石要素主要以自然风貌为依归,其水元素则是仿照自然湖泊的形成,通过改造现有水道并引流水,形成了人工湖。园内植物种类繁多,以竹子为主,其次是松树、梅花和莲花。建筑上,随园强调因地制宜,主要以功能为导向,建筑数量不多,但形式多样,整体造型简朴自然,装饰简约,并采用了易于获取的当地材料,与周围的山水和植物形成有机的结合(图3-20)。

根据功能分布,随园空间布局可以划分为北、中、南三部分,分别是日常起居、讲学授课、休憩游览的主要场所。

北部区域以小仓山房为中心,主要用于日常起居,具有较高的私密性。中部区域

---

1 周维权.中国古典园林史:第3版[M].北京:清华大学出版社,2008:603.

2 程廷祚(1691~1767年),清朝著名学者、史学家,一生未仕,专心于学问研究。

3 袁枚.征士程绵庄先生墓志铭·小仓山房//袁枚全集新编[M].杭州:浙江古籍出版社,2015.

竹林

建筑

湖水

山石

图 3-20　随园构成要素的特征分析图

来源：赵丹苹，王芳，薛晓飞．清代南京随园复原研究 [J]. 中国园林，2019，35（6）：120-125.

是园主讲学授课的核心区域，其中包括小栖霞、诗世界、悠然见南山和柳谷等主要景点。南部主要用于休闲游览，袁枚在此区域几乎没有进行建筑改造，遵循着"弃其南，一椽不施，让烟云居，为吾养空游所"[1] 的原则。该区域的主要景点包括水西亭、渡鹤桥、鸳鸯亭、双湖亭和山上草堂等。

在随园众多活动中，雅集和讲学占据了显著位置。袁枚的《续同人集》中记录了许多随园雅集的诗文。[2] 随园因频繁的雅集活动，成了当地的特色文化中心之一。

在教育方面，袁枚与当时儒家提倡的"女子无才便是德"的观念不同，他广泛招收女弟子，提倡"性灵说"，尊重女性的才能。袁枚对此表示：以诗受业于随园者，无论是道士还是俗人，无论性别，均受欢迎（"以诗受业随园者，方外淄流，青衣红粉，无所不备"）[3]。

随园的空间布局展现出强烈的社会性，除了北部的私人起居空间外，其余区域由于没有围墙，向公众开放，供人自由参观。随园四周无墙，因山形起伏难以建墙。每逢春秋美好时节，游客如云，主人任由他们自由往来，毫无拦阻（"四面无墙，以山势高低难加砖石故也。每至春秋佳日，士女如云。主人亦听其往来，全无遮阑"）[4]。

1　袁枚《随园三记》

2　童寯．江南园林志：第 2 版 [M]. 北京：中国建筑工业出版社，1984：10.

3　（清）袁枚．随园诗话 [M]. 北京：人民文学出版社，1999：806.

4　（清）袁枚．随园诗话 [M]. 北京：人民文学出版社，1999：61.

袁枚的生活方式在当时社会中极为罕见，由此能够看出他的豁达开朗、追求真我、不拘一格的性格特质。通过对园林活动和空间功能配置的整理，可以看出园林空间具有私人性、公共性和社会性（表3-14，图3-21、图3-22）。

随园的用途特性 表3-14

活动种类	活动内容	场所
居住	日常起居	北部空间
游憩	会友、游览、文艺创作、休憩等	中部和南部空间
读书	读书、讲学	中部空间
耕种	耕种	南部的农耕地
性质	私人性、公共性和社会性	
用途	长期居住 / 学习 / 休息	

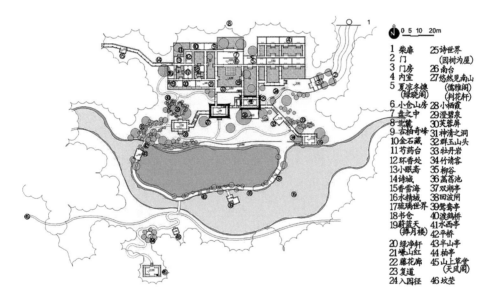

1 柴扉　25 诗世界
2 门　　　（因树为屋）
3 门房　26 南台
4 内室　27 悠然见南山
5 夏凉冬燠　　（德雅阁）（判花轩）
　（绿晓阁）28 小栖霞
6 小仓山房　29 澄碧泉
7 盘之中　30 芙蓉屏
8 北楼　31 神清之洞
9 古柏奇峰　32 群玉山头
10 金石藏　33 牡丹岩
11 芍药台　34 竹诸客
12 环香处　35 柳谷
13 小眠斋　36 菡萏池
14 诗城　37 双湖亭
15 香雪海　38 回波闸
16 水精域　39 鸳鸯亭
17 琉璃世界　40 渡鹤桥
18 书仓　41 水西亭
19 耕蓝天　42 平桥
　（撑月楼）43 半山亭
20 绿净轩　44 柏亭
21 紫山红　45 山上草堂
22 藤花廊　　（天风阁）
23 复道　46 坟茔
24 入园径

图3-21　随园平面图
来源：赵丹苹，王芳，薛晓飞.清代南京随园复原研究 [J]. 中国园林，2019，35（6）：120-125.

图3-22　随园功能分区图
来源：赵丹苹，王芳，薛晓飞.清代南京随园复原研究 [J]. 中国园林，2019，35（6）：120-125.

学习、起居　北部区域

中部区域

耕作　游憩　南部区域

4 韩国隐居园林典型案例分析

4.1　独乐堂

园主李彦迪，号晦斋、紫溪翁，字复古，是中宗时期的文臣兼性理学家，与金宏弼（김굉필）、郑汝昌（정여창）、赵光祖（조광조）并称为韩国"东方四贤"。生于韩国庆州市良洞村，40岁因反对金安路（김안로）复官，罢官归乡，建独乐堂隐居。[1]

李彦迪的"独乐"源自司马光的"独乐"。朝鲜中期著名士人卢溪朴仁老（박인로）在实地考察独乐堂时，受到启发，创作了歌词《独乐堂》，揭示了对李彦迪独乐堂的"独乐"与司马光独乐园的"独乐"的思想关系：谁知道为什么叫独乐呢？司马温公独乐园再好，其中的乐趣也比不上独乐？（독락이 이름 칭정한 줄 그뉘 알리？사마온공 독락원이 아무리 좋다 한들）[2]

与司马光的"独乐"相比，李彦迪的"独乐"体现了一种主动选择的态度。当时，许多在野的士林派士人由于士祸和迫害，趋向于逃避现实、否定现实的虚无主义。然而，李彦迪直面这种虚无主义的态度，并认为它对现实改革无益，因此主张持积极的世界观来参与现实。即便遭遇流放，他也不放弃，而是更加专注于对现实的思考和写作。[3]他对隐居的深入思考也体现在园内及周围景点的命名上（表4-1）。

李彦迪的隐居生活是一种典型的儒家风格的"隐居存义"，但也融入了对道家和佛教思想的深刻思考。

1　홍광표，이상윤．한국의 전통조경 [M]．서울：동국대학교 출판부，2001：202.
2　최강현．가사 [M]．서울：고려대학교 민족문화연구소，1993.
3　김관석．조선시대주거 [독락당] 일곽에 관한 연구 (I) (A Study on dok-Pak-Tang, a residence of Cho-seon dynasty (I) [J] 건축，28 (6)，1984.

景名	内涵	学派
洗心台（세심대）	洗心革面	儒家
咏归台（영귀대）	"咏归"出自于《论语·先进》。意思是沐浴之后歌咏而归，表达了园主对于精神生活自在、自得、适意境界的追求	儒家
濯缨台（탁영대）	源于《孟子·离娄上》和《楚辞·渔夫》，表达出了"当其时则仕，不当其时则隐"的儒家隐逸精神	儒家
观鱼台（관어대）	源于《庄子·秋水》，通过庄子与惠子观鱼争论的这一典故来表达他对于道家思想的思考	道家
紫玉山（자옥산）	紫玉是紫色的玉，为祥瑞之物	道家
华盖山（화개산）	华盖是雨伞的形状，是古代星座名称，代表孤傲、孤寂、超然的命象	道家
舞鹤山（무학산）	舞鹤是挥舞着翅膀的仙鹤，鹤是高尚品性的象征	道家
道德山（도덕산）	"道德"是儒学中形而上学的概念	儒家
仁智轩（인지헌）	"仁智"取自《孔子·雍也》："智者乐水，仁者乐山"	儒家
养真庵（양진암）	养真是保持本性的意思	佛教

独乐堂坐落于庆尚北道庆州市安康邑玉山里，东临紫溪，周围人迹罕至，自然景色宜人。其主要景观由"四山"和"五台"组成。"四山"包括东侧的华盖山、西侧的紫玉山、南侧的舞鹤山以及北侧的道德山。"五台"则由观鱼台、咏归台、濯缨台、澄心台和洗心台组成。此外，独乐堂还拥有包括松树林和竹林在内的丰富植物景观。独乐堂的南北两侧分别是玉山书院和静慧寺，这些都是周围的重要人文景观。李彦迪经常访问静慧寺，与寺中的主持进行学术交流（图 4-1）。

在独乐堂的空间构成中，山水元素主要来自园外的自然景观。植物配置方面，园林外东侧和北侧主要是园主亲手种植的大片竹林和松树林。此外，园主在园内及其周围还种植了乌竹、桧树、山茱萸和用于生产的艾草田。建筑布局围绕内宅展开，采用

1　김관석. 조선시대주거 [독락당] 일곽에 관한 연구 （I）（A Study on dok-Pak-Tang, a residence of Cho-seon dynasty （II）[J] 건축 .29（1）, 1985.

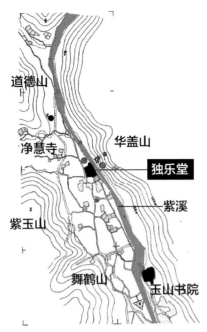

图 4-1　独乐园地理位置图
来源：김관석 . 조선시대주거 [독락당] 일
곽에 관한 연구（Ⅰ）[J] 건축，28（6），
1984.

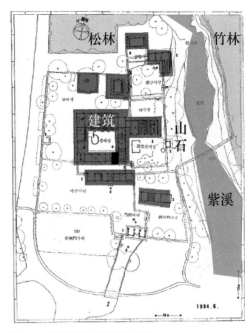

图 4-2　独乐堂构成要素分布图
来源：韩国文化遗产管理局

了庆州地区典型的士大夫"口"字形建筑形式；在建筑材料上，主要使用易于获取的本地材料，以简单加工和朴素装饰为特点；在建筑形式上，与传统士大夫宅院不同，独乐堂的厢房，通常象征着士大夫地位，却呈现出朴素无华的风格，楼层低矮，采用水平比例[1]（图 4-2 ~ 图 4-4）。

1　이주희 . 詩品의 風格과 韓國 隱士文化의 建築 [D]. 가천대학교，2016：140-143.
홍광표，이상윤 . 한국의 전통조경 [M]. 서울：동국대학교 출판부，2001：202-209.

图 4-3　独乐堂园林入口

图 4-4　独乐堂建筑
来源：韩国文化遗产管理局

	通过狭小封闭的园林入口空间来增强内部空间的隐蔽性		
1	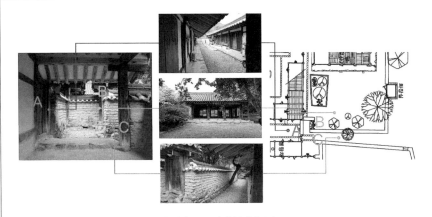 独乐堂入口隐蔽性分析图		
2	建筑墙壁和园林围墙形成的小巷和小院空间反复折叠，形成迷宫一样的空间布局，增强了园林空间的隐蔽性  独乐堂园内空间隐蔽性分析图 来源：韩国文化遗产管理局	3	通过自然景观对人工建筑的围合，增强建筑内部空间的隐蔽性  独乐堂园林

　　独乐堂空间隐蔽性的营造主要体现在三个方面。首先，通过缩小入口空间的设计，显著增强内部空间的隐蔽性。入口处设有三个通道，分别引向不同的区域：内宅、独乐堂和紫溪。来访者站在入口处，难以辨识园内建筑和景观的具体位置。从一个位置进入可达内宅，一个位置通向独乐堂，而另一个位置则通过一条狭长小巷通往紫溪溪谷。其次，建筑物的墙壁和园林围墙结合，形成的小巷和小院空间经过复杂的折叠，营造出一种迷宫般的园内空间。例如，内宅与下人房之间的小院子隐蔽性极强，而独乐堂东侧墙面与园林东侧围墙间的狭窄通道同样隐秘。最后，通过利用

山石和植被元素对园林空间进行围合，进一步增强园林内部空间的隐蔽性。园林正面的建筑设计低矮且细长。园主刻意选择在山脚下建造园林，并在周围种植众多高大树木。这样的布局有效地使园林隐蔽于山林之中，从远处几乎看不出园林建筑的轮廓（表4-2）。

独乐堂园林与自然之间的连接性首先体现在能与园外自然景观相连的媒介空间。例如，从园外观看，溪亭是建立在自然岩石上、周围设有栏杆的开放式空间。站在溪亭内，让人仿佛置身于园外一般。然而，从园内看，当溪亭靠近园内一侧的大门关闭时，它就成为园林东北面围墙的一部分。这样，内外空间的连通性也就被中断了。其次，园林通过借景技法实现了内外风景的连接。例如，园主特意在独乐堂东侧围墙上开设了一个铁窗。当打开独乐堂东侧的木窗时，可以通过木窗和铁窗一同欣赏到园外的溪流和对岸的山景（表4-3）。

独乐堂与自然连接性特征	表4-3

	使用借景技法，连接园林内外风景
1	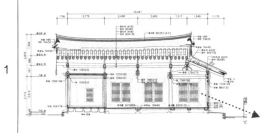  独乐堂侧窗 来源：韩国文化遗产管理局
	营建能与园外自然景观相连接的媒介空间
2	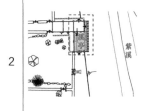   溪亭 来源：韩国文化遗产管理局

对现存文献的考察使我们能够分析和整理出李彦迪的隐居活动。独乐堂园林的多个场景原型均源自司马光的独乐园。通过参考独乐园，可以了解李彦迪在相应场所的园居活动（表4-4）[1]。李彦迪在园中创作了大量诗歌，现存15首。这些诗歌描绘了园林四季的景色、他的心境和园居生活等方面。对描写园居活动的诗句及其对应的活动场所整理如表4-5。[2]

独乐堂和独乐园对应的场所 表4-4

	《独乐园记》	独乐园场所	独乐堂场所	活动
1	迂叟平日多处堂中读书	读书堂	独乐堂	读书
2	投竿取鱼	钓鱼庵	观鱼台	观鱼
3	执衽采药	采药圃	草药圃（独乐堂与溪亭之间）	种草药 / 摘草药
4	决渠灌花	浇花亭	洗心台	戏水 / 吟诗
5	操斧剖竹	种竹斋	竹林	种竹子
6	濯热盥手	弄不轩	濯缨台	戏水 / 吟诗
7	临高纵目	见山台	咏归台	观景

诗句中描绘的园居生活 表4-5

活动	诗句	场所	题目
涉水登山	临水登山与更真	山顶	早春
在溪边独步吟诵	独步闲吟立涧凭	溪边	暮春
郊头独立	郊头独立空惆怅	园林外	初夏
眺望远处	回首云峰飘渺边	园林外	初夏
凭栏听	凭栏静听已秋声	溪亭	秋声
弹玄琴	商音一曲无人会	溪亭	秋声
赏游鱼	澄心竟日玩游鱼	观鱼台	观物
斟酒	酌独只邀明月伴	溪亭	溪亭

1 최강현 . 가사 [M] 서울：고려대학교 민족문화연구소, 1993.
2 강순영 . 林居十五詠의 詩文分析을 통한 獨樂堂 일대의 景觀解釋 [D] 동국대학교, 2009：61.

李彦迪常常在独乐堂中埋头读书，当感到疲倦时，他会透过窗户俯瞰园外的自然风景。他也常在溪亭与好友一起品茶作诗，凭栏远眺。他有时在药圃收割艾草、整理花草，或在山上种植竹林，垂钓于钓矶，观鱼于观鱼台，颂诗于咏归台，濯缨于濯缨台。在洗心台，他观瀑布以洗净内心的杂念；而在澄心台，通过观察静谧的水面，寻找内心的平静。他偶尔登山，疲惫时返回厢房休息，醒来时便以新的心态继续学术研究。李彦迪还常去净慧寺与僧侣讨论学术问题，而这些僧人也会到溪亭做客。[1]

李彦迪刻意避开亲戚朋友等访问者，除了与家人的交流之外，他只与邻近的净惠寺僧侣进行沟通，过着近似与世隔绝的隐居生活。李彦迪仅通过为周边自然命名，即以题名的形式，维持着与外界唯一的沟通方式。[2] 因此，独乐堂园林空间展现出明显的封闭性和私人性（表4-6，图4-5、图4-6）。

独乐堂中的活动种类　　　　　　　　　　　　表 4-6

活动种类	娱乐						
活动内容	观景	喝酒	谈学问	赏鱼	登山	钓鱼	吟诗
场所	溪亭 / 园林外	溪亭	净惠寺 / 溪亭	观鱼台	四山	钓矶	咏归台

活动种类	居住	致学	耕种	
活动内容	居住	读书	采草药	种竹子
场所	内宅	独乐堂	草药圃	竹林

4.2　潇洒园

园主梁山甫，字彦镇，号潇洒公，出生于光州。1517年，15岁的他在首尔静庵拜赵光祖（조광조，1482～1519年）为师，学习学问，并在两年后及第。然而，不久之后，他的恩师赵光祖因己卯士祸被革职、流放，最终去世。亲眼见证这一切的梁山甫深感苦闷，最终选择回乡隐居，修建了潇洒园，并在此度过了余生的40年。

1　김관석. 조선시대주거 [독락당] 일곽에 관한 연구（I）（A Study on dok-Pak-Tang, a residence of Cho-seon dynasty（II）[J] 건축, 29（1），1985.

2　이주희. 詩品의 風格과 韓國 隱士文化의 건축 [D]. 가천대학교, 2016：138.

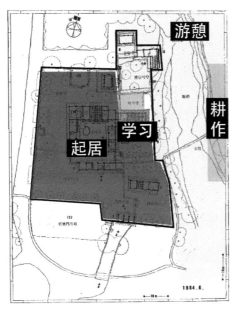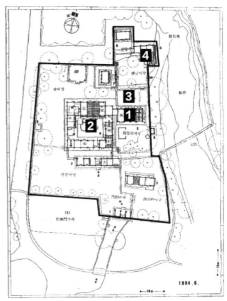

1. 独乐堂　2. 内宅　3. 草药圃　4. 溪亭

图 4-5　独乐堂功能分区图

来源：김관석 . 조선시대주거 [독락당] 일곽에 관한 연구（Ⅰ）[J] 건축，28（6），1984.）

　　园名"潇洒"，寓意"心情畅快清爽"，反映了梁山甫希望通过隐居园林来净化内心杂念的愿景。园中的主要建筑物潇洒亭，又称待凤台，是由李彦迪特别选用梧桐木建造的。根据《山海经》和《庄子·秋水》的记载，凤凰生于君子国，经常自发地歌唱和舞蹈，每逢凤凰出现，天下即刻太平。凤凰唯独栖于梧桐树，只食竹果，仅饮醴泉之水。梧桐树象征着高洁和美好的品格，以及对时令的敏感，古人因此将其誉为灵树。因此，"凤栖梧桐"常被用来比喻有才能的人宁愿在未遇明君之前不出仕，即"良禽择木而栖，贤臣择主而事"。

　　待凤台意为等待凤凰的到来，这里的"凤凰"既指来园林交流学问的才俊，也特指他的老师赵光祖—— 一位因反对派弹劾而被流放，最终在流放途中

5. 狮子岩　6. 虎跃岩　7. 澄心台　8. 濯缨台　9. 松林　10. 观鱼台　11. 钓矶　12. 莲池　13. 咏归台　14. 竹林　15. 당계기적비　16. 洗心台

图 4-6　独乐堂景点分布图

来源：김관석 . 조선시대주거 [독락당] 일곽에 관한 연구（Ⅰ）[J] 건축 .28（6），1984.）

不幸逝世的学者。此外，它还深含等待清明政治之日的意涵，象征着对改变社会的渴望。光风阁（풍광각）与霁月堂（제월당）中的"光风"和"霁月"一词源于宋朝画家黄庭坚（1045～1105年）对周敦颐的赞美之词："人品甚高，胸怀洒落如光风霁月。"[1]周敦颐，亦称濂溪先生，北宋时期知名儒学家和性理学的奠基人，晚年选择隐居于庐山莲花峰下。光风阁和霁月堂是梁山甫日常起居和接待客人的主要场所。其命名体现了他追求儒家隐居生活的志向，以及成为像周敦颐那样高洁、洒脱之人的渴望。

古岩精舍（고암정사）的原型是朱子的武夷精舍[2]，在16～17世纪期间，这种"精舍"被引入韩国，成为兼具隐居、治学和讲学功能的空间[3]。五曲门（오곡문）名字的灵感源于朱子在《九曲棹歌》中描述的武夷九曲。韩国众多文人以此为他们的园林景观命名，将其作为隐居的象征。综合来看，在潇洒园的隐逸文化内涵中，虽然也包含了远离世俗、向往仙境般存在的道教式隐居，但园主梁山甫的隐居本质上仍是儒家式的，以存义即坚持道德义理为核心。

潇洒园坐落于全罗南道潭阳郡南部支石里，靠近光州湖的上游地区。该地区非常宽广，覆盖了潭阳（담양）、光州（광주）和昌平（창평）三个地区。园林的北侧临近超越山（추월산），西侧毗邻屏风山（병풍산），而南侧则靠着无等山（무등산）。这三座山脉如同屏风一般环抱着这一广袤的平原地区。潭阳川（담양천）、昌溪川（창계천）、松江（송강）和五礼江（오례강）在平原上，造就了辽阔的农田景观。

己卯士祸和乙巳士祸的发生促使众多士人选择在此隐居，进而成立了一个以"星山歌坛"（성산가단）为名的文学团体。该团体的代表性士人隐士包括金麟厚（김인후，1510～1560年）、齐大升（기대승，1527～1572年）、高敬命（고경명，1533～1592年）、郑澈（정철，1536～1593年）等。为了隐居，他们建造了诸如息影亭（식영정）、俛仰亭（면앙정）、松江亭（송강정）、鸣玉轩（명옥헌）、环碧堂（환벽당）、独守亭（독수정）等。[4]（图4-7）

1　出自《濂溪诗序》。
2　朱熹53岁进入武夷山，建造武夷精舍。武夷精舍是朱熹著书立说、倡道讲学、隐居避世之所。
3　김봉렬 . 김봉렬의 한국건축 이야기 3[M] 서울：돌베개，2012.
4　이주희 . 詩品의 風格과 韓國 隱士文化의 建築 [D]. 가천대학교，2016：160.

图 4-7 潇洒园周边环境图

图 4-8 潇洒园构成要素分布图
来源：韩国文化财团管理局

韩国当代知名古典园林学者金奉烈（김봉렬）对潇洒园周边的自然环境作出评价："在韩国半岛，能同时具备丰厚的经济实力和美丽的自然山水的地方极为罕见。这样的环境为儒士们提供了研究性理学和享受文化雅事的物质与精神基础。"[1]

潇洒园中的山石元素主要来源于园外的自然山石，而水元素包括自然形成的溪谷和人工建造的池塘。园内植物以竹子为主，一大片竹林从园林的主入口延伸至外园区域。园主梁山甫在梅台和祭月堂前种植了众多的梅花。建筑所用材料均为易于获取的当地材料，几乎未经加工和装饰，整体造型简单而朴素。主要建筑物霁月堂和光风阁，均采用了简洁的八角屋檐设计（图 4-8）。[2]

潇洒园的空间设计特点之一是其隐蔽性，体现在创造狭窄的入口空间，营造出"初极狭，才通人"般的陶渊明式隐逸空间。进入潇洒园时，郁郁葱葱的竹子在入口处形成了一条狭长的通道，从而增强了园林内部空间的隐蔽性。潇洒园内部空间与自然环境的连接特性体现在其围墙的设计上，通过折返的方式将园内外空间串联起来。潇洒园的围墙不仅用于划分园内外空间，更重要的是分割空间并将园林的内部与外部相互连接。例如，从霁月堂前往光风阁的路上，有一组围墙。这堵墙连续折叠四次，使人难以辨别自己是位于园内还是园外。当从霁月堂的侧门出去时，尽管看似已经离开，

1 김봉렬 . 김봉렬의 한국건축 이야기 3[M] 서울 : 돌베게，2012 : 1.
2 천득염 . 소쇄원 : 은일과 사유의 공간 [M]. 서울 : 심미안，2017 : 249.

但由三面围墙所形成的空间让人仍有身处园中之感。只有绕过围墙并沿楼梯下去才真正感觉到走出了园林（表4-7）。[1]

潇洒园的空间结构特征 表4-7

隐蔽性	与自然的连接性
营建窄小的进入空间，以创造出"初极狭，才通人"陶渊明式的隐逸空间	通过围墙的折返，串联园林内外空间

潇洒园隐蔽性分析图
来源：韩国文化管理局

潇洒园与自然的连接性分析图
来源：韩国文化管理局

潇洒园与独乐堂等代表性的封闭式、闭门谢客风格的韩国隐居园林存在显著差异。虽然潇洒园最初建造是为了园主梁山甫的退隐，但随着星山诗派（성산시파）的逐渐形成，前来园中交流的文人墨客和隐士日益增多。因此，潇洒园在使用特征上与其他韩国隐居园林最大的不同在于，其主要使用者是园主的客人而非园主本人。[2]

在前来参观潇洒园的客人中，最具代表性的是金麟厚。金麟厚常在潇洒园中隐居乐道，有时甚至愿意在园中逗留一个月之久。金麟厚在园中吟诗、听曲、品酒，并创作了著名的《潇洒园四十八咏》，以诗歌形式表达了他在园中的所见所闻和感受。通

1　이주희. 詩品의 風格과 韓國 隱士文化의 建築 [D]. 가천대학교, 2016：184.

2　위첨첨, 김재식, 김정문. 담양소쇄원과 소주창랑정의 조영사상과 경관구성요소에 관한 意味 비교연구 [J]. 한국전통조경학회지. 2017, 35（1）.

过《潇洒园四十八咏》，我们可以窥见当时文士们在潇洒园中的隐居活动（表4-8，图4-9）。

《潇洒园四十八咏》中描述的园居活动　　　　　表4-8

顺序	场所	诗文内容	活动
第1咏	潇洒亭（待凤台）	小亭凭栏	凭栏观景
第2咏	书房（光风阁）	枕溪文房／精思随偃仰	学习，思考
第5咏	园林外	石径攀危	登山
第6咏	潇洒亭旁的莲花池	小塘鱼泳	赏鱼
第9咏	光风阁旁	透竹危桥	园林营建
第12咏	梅台	梅台邀月	赏月
第13咏	槽潭边	广石卧月	仰卧
第14咏	五曲门	步步看波去，行吟思转幽	散步，游览、吟诗，思考
第16咏	光风阁旁	随势起丛林（种林）	种树
第19咏	榻岩（小亭和光风阁之间）	榻己静坐	静坐
第20咏	槽潭上	玉湫横琴	弹玄琴
第21咏	槽潭和瀑布之间	洑流传杯	饮酒
第22咏	瀑布旁的床岩	床己对棋	对棋
第23咏	草亭（待凤台）上	修阶散步，逍遥阶上行，吟成闲个意	散步，吟诗
第24咏	鳌岩上的槐石	倚睡槐石	小憩
第25咏	槽潭	槽潭放浴	沐浴
第39咏	光风阁	柳汀迎客	迎客

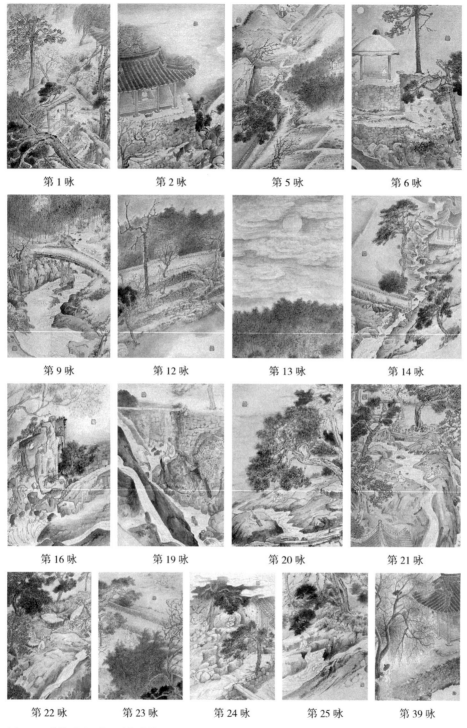

第 1 咏　　　　　第 2 咏　　　　　第 5 咏　　　　　第 6 咏

第 9 咏　　　　　第 12 咏　　　　　第 13 咏　　　　　第 14 咏

第 16 咏　　　　　第 19 咏　　　　　第 20 咏　　　　　第 21 咏

第 22 咏　　　第 23 咏　　　第 24 咏　　　第 25 咏　　　第 39 咏

图 4-9　《潇洒园四十八咏》中景观

园林空间区域分为中部、上部和下部三个部分。中部空间以待凤台为中心，主要用于迎接客人，包括梅台等。上部空间为梁山甫的个人居住区，地势较高，便于全面观赏园景。下部空间是梁山甫及客人们进行饮酒、作诗、观景等休闲活动和文艺创作的区域，包括光风阁、两个莲池、溪谷、入口和五曲门等地点（图 4-10）[1]。经过对隐居活动的综合整理和分析，可以看出园林空间既具有个人性也具有公共性（表 4-9，图 4-11、图 4-12）。

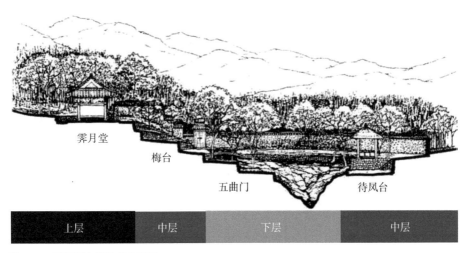

图 4-10　潇洒园空间构成分析图

潇洒园的用途特性　　　　　　　　　　　　　　　　　　　　　　表 4-9

性质	个人性 / 公共性	
用途	长期居住 / 游览 / 休憩 / 娱乐	
活动	凭栏远眺、学习、思考、登山、观赏鱼、园林营建、赏月、仰卧、散步、游览、吟诗、种竹、静坐、抚琴、饮酒、对弈、散步、小憩、待客	
活动种类	主要活动内容	场所
居住	居住	①霁月堂
休闲	游憩等	⑤潇洒亭（待凤台）③五曲门②梅台④槽潭⑥上莲池⑧下莲池
学习	学习、思考	⑦光风阁

1　김봉렬 . 김봉렬의 한국건축 이야기 3[M] 서울：돌베게, 2012：66.

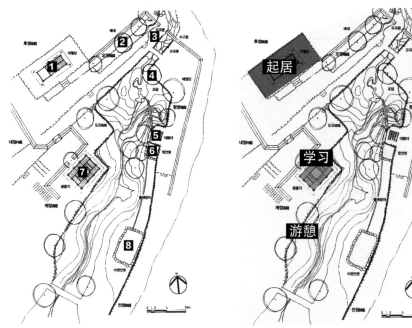

图 4-11 潇洒园景点分布图
来源：韩国文化财团管理局

图 4-12 潇洒园功能分区图
来源：韩国文化财团管理局

4.3 瑞石池

园林主人郑荣邦，朝鲜中期的知名学者，字庆甫，号石门。他出生于庆北，在愚伏（우복）郑经世（정경세）的门下学习性理学，继承了退溪（퇴계）的学术传统。1605 年中举后，虽多次获召为官，但因不满当时政治混乱，坚决拒绝了邀请。1636 年丙子胡乱后，他迁居至位于真城（진성）临川（임천，现英阳郡立笠岩面莲塘里）的瑞石池园林，致力于培养后辈和钻研学问，余生均在此度过。在瑞石池隐居期间，他创作了《丘园经论》（구원경론）、《林泉山水记》（임천산수기）等多部文艺作品。[1]

瑞石池园林中的景物名称极为丰富多样。韩国著名现代园林学者闵庚铉（민경현）将瑞石池园林誉为"韩国自然景观人文化的最高典范"[2]。园主郑荣邦在园林的景物

---

1 홍광표, 이상윤. 한국의 전통조경 [M]. 서울: 동국대학교 출판부, 2001: 202-210.
2 민경현. 서석지를 중심으로 한 석문 임천정원에 관한 연구 [J]. 한국전통조경학회지, 1982, 1 (1).

命名中融入了自己的思想。通过解析这些景名的含义，我们能够洞察他对人生和隐居哲学的深刻思考（表4-10）。

瑞石池建筑物的名称及对应的含义　　　　　　　　　　　　　　表4-10

顺序	名称	文化内涵	思想分类	
			儒家	道家
1	敬亭（경정）	"敬"说，源自朱子，其思想内涵强调专心致志和对外界干扰的抵御，从而成就对父母的孝顺和对国王的忠贞，使学问之道变得轻松易行[1]	●	
2	楼霞轩（서하헌）	建筑内的匾额上刻有"暮挹崦嵫翠，朝吞旸谷红。岩斋如羽化，吾亦御冷风。"其中崦嵫山是中国传说中道教隐士的避世之地，这反映了园主对道家隐逸思想的思考		●
3	主一斋（주일재）	"主一"与"敬"在意义上是相通的，源于宋朝儒学者程伊川的《二程全书》卷40："或问敬。子曰：'主一之谓敬。''何谓一？'子曰：'无适之谓一。'"	●	
4	玉成台（옥성대）	"玉成"一词源自宋朝学者张载："富贵福泽，将厚吾之生也。贫贱忧戚，庸玉女于成也。"意指富贵幸福可丰富生活，而贫穷忧虑可磨砺人如玉般美好的品格。这反映出园主崇尚儒家隐居态度，即使生活艰难，仍保持高尚品格，用玉比喻品德高洁	●	
5	四友坛（사우단）	位于主一斋和瑞石池之间的方形石坛上，种有象征园主高尚品德的植物：梅花、竹子、松树和菊花，体现了儒家的"比德"思想	●	
6	咏归堤（영귀제）	"咏归"一词出自《论语·先进》："浴乎沂，风乎舞雩，咏而归"，表达了园主对悠然自得生活的向往	●	
	总计		5/6	1/6

　　瑞石池内大约放置了60多块石头，均为当时挖掘池塘时留下的。园主巧妙地将这些石头用作池塘装饰，并根据每块石头的形态赋予它们独特的名称。《敬亭杂咏》记录了这些石头中19个的名称。这些石头的名称大多蕴含儒家、道家、神仙思想的

1　윤용남.주자（朱子）경설（敬說）의 체계적（體系的）이해（理解）[J].윤리교육연구，2014（35）.

意涵，或是源自生物的形态（表 4-11）[1]。郑荣邦试图借助道家思想来暂时忘却和解脱因世俗带来的不满、愤慨和无奈。然而，儒家的隐居哲学——即以隐居全道——才是他选择出世和隐居的根本原因。

反映在瑞石池内的两者的文化思想分类　　　　表 4-11

顺序	名称	思想分类			顺序	名称	思想分类		
		儒家	道家	其他			儒家	道家	其他
1	棋枰石（기평석）		●		11	卧龙岩（와룡암）			●
2	烂柯岩（난가암）		●		12	祥云石（상운석）			●
3	通真桥（통진교）		●		13	落星石（낙성석）		●	
4	伦游石（선유석）		●		14	垂纶石（수륜석）			
5	戏蝶岩（희접암）		●		15	尚网石（상경석）	●		
6	封云石（봉운석）			●	16	洒雪江（쇄설강）			●
7	观澜石（관란석）	●			17	分水石（분수석）	●		
8	调天烛（조천촉）	●			18	濯缨石（탁영석）	●		
9	玉界尺（옥계척）		●		19	化药石（화예석）			●
10	鱼状石（어상석）		●						
总计							5/19	8/19	5/19

瑞石池园林的山石要素主要由周边自然形成的山脉和岩石组成，而园内最具特色的石景观则是挖掘池塘时留下的形态各异的石块。水要素则包括园内的人工池塘和园林西侧流淌的清溪川。在园林中，象征高尚人格的植物十分常见，特别是四友坛种植的松树、梅花、竹子和菊花，以及池塘中的莲花。此外，园内的树木种类繁多，包括银杏、梧桐、桃树、松树、槐树、柳树等。建筑要素的主要特征在于其布局：沿东西轴线紧密排列，前院的居住区与由敬亭和瑞石地构成的休闲区域有明显分割。在形态上，池塘边的石台呈现直线美学，与建筑的曲线美形成了和谐的平衡。最后，园林建筑采用易于获取的本地材料，结构简单，几乎无装饰（图 4-13）。

1　민경현 . 한국정원문화 – 시원과 변천론 [M]. 경기：예경산업사，1991：258.

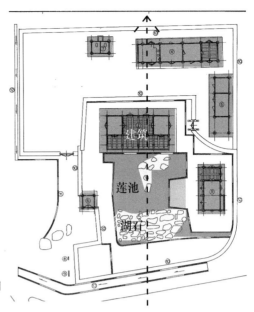

图 4-13　瑞石池构成要素分布图
来源：韩国文化财团管理局

瑞石池园林空间的隐蔽性首先体现为居住空间和休闲空间之间的有效划分。敬亭与瑞石池构成的休憩区与住宅区之间设有一堵 1.75m 高的墙，此墙比园林外围的院墙高约 60cm，有效隔离两个空间，增强了住宅区的隐私性。其次，园林的隐蔽性还通过自然景观围绕人工建筑来增强。例如，园主在主一斋正面和四友坛上种植了众多竹子和其他树木，这些植被恰好遮掩了主一斋的部分视线，为这个主要用于读书和讲学的空间提供了额外的隐私保护。[1]

瑞石池园林与自然相连接的特征主要体现在利用园外自然风景作为借景。敬亭坐落于坚硬的巨石之上，从亭内可俯瞰园外的自然景致。从东南方向，视线可以穿越低矮围墙，看到临近的遗种亭和松树林等景观。此外，还可以远眺外苑的罗月岩、内紫金屏和凤首山等自然景观（表 4-12）。[2]

1　민경현 . 서석지를 중싱으로 한 석문 임천정원에 관한 연구 [J]. 한국전통조경학회지 .1982,
1（1）.
2　홍광표, 이상윤 . 한국의 전통조경 [M]. 서울：동국대학교 출판부, 2001：210.

	①对居住空间和休闲空间的有效分割	②通过自然景观对人工建筑的围合，增强建筑内部空间的隐蔽性
隐蔽性	 瑞石池隐蔽性分析图 来源：韩国文化财团管理局	 瑞石池主一斋
与自然的连接性	借景园外自然风景	
	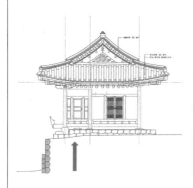	
	敬亭 来源：韩国文化财团管理局	

园林及其周边空间可划分为三个主要区域。第一个区域是内苑，位于围墙内，主要用于生活活动，包括日常起居、读书、会友、观景、养鱼、务农等功能。第二个区域是外苑，从园林围墙延伸至"石门"景点，构成了园林的可视区域，其主要功能包括散步、钓鱼、务农和借景。最后一个区域是影响圈，从南面的文岩延伸至北面的大

朴山，环绕着外苑，主要用于游览和观赏活动[1]（表4-13）。

瑞石池园林空间区域及对应活动 表4-13

内苑	厢房空间	敬亭	社交、娱乐、文艺创作
		主一斋	读书、培养后学
		瑞石池	养鱼、观赏
		四友坛	观景
	生活空间	居住	
	进入空间	进入、观景	
外苑	散步、钓鱼、务农		
影响圈	游览、观赏		

内苑可以细分为三个区域：厢房空间、生活空间和进入空间。厢房空间的中心建筑包括敬亭和主一斋。敬亭主要用于主人和文友们的聚会，如举办诗会、下棋、弹琴等。主一斋则是园主专注学术和讲学的场所。敬亭内横梁上的匾额写着："令赵甥构屋二间，为诸孙藏修之地（命侄儿修建了两间房子，作为后代静修之所）。"瑞石池内种有莲花，并饲养游鱼，供游人驻足欣赏。生活空间主要用于园主及家人的日常生活需求。进入空间既作为连接园林内外的中介区域，也具备观赏功能。尽管园主并未采取独乐堂那样的闭门谢客的隐居方式，但该园林仅限主人和少数朋友进入，因而园林空间显现出私人性（表4-14，图4-14、图4-15）。

瑞石池的用途特性 表4-14

属性	私人的	
用途	长期居住 / 游览 / 休憩 / 学习	
内苑场所	①敬亭②主一斋③瑞石池④四友坛⑤内宅	
活动种类	活动内容	区域
居住	日常起居	内苑
休闲	社交、娱乐、文艺创作、养鱼、观赏、散步、钓鱼、游览	
学习	读书、讲学	内苑
耕种	耕作	外苑

1　민경현 . 서석지를 중심으로 한 석문 임천정원에 관한 연구 [J]. 한국전통조경학회지, 1982, 1（1）.

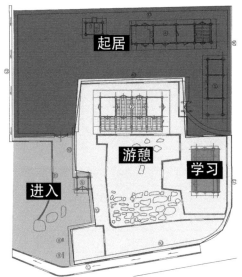

图 4-14　瑞石池功能分区图
来源：韩国文化遗产管理局

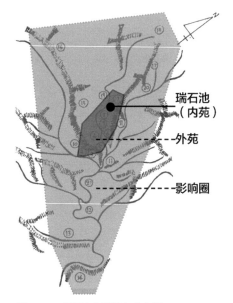

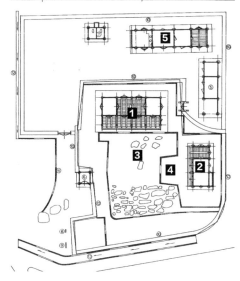

图 4-15　瑞石池主要景点分布图
来源："민경현 . 서석지를 중심으로 한 석문 임천정원에 관한 연구 . 한국전통조경학회지 . 1 (1)，
1982.

4.4　甫吉岛芙蓉洞园林

　　园主尹善道（윤선도，1587 ~ 1671 年），字约尔，号孤山海翁，谥号为忠宪。
1616 年，因在丙辰疏中指责反对派而遭诬陷，随后被流放。随后在仁祖反正（인조 반정）

期间获释。1628年，因姜石基（강석기）的诬陷被降为城山县监，次年被免职。自此，他居住在海南宗家。1638年12月，在丙子之役（병자호란）期间，他自费率领部队前往江华岛提供支援。当接近岛屿时，他听闻仁祖向清朝投降的消息，深感失望，遂决定返回济州岛。经过甫吉岛时，岛上的美景促使他萌生了隐居想法，遂即在此建造芙蓉洞园林和金锁洞园林。1657年，71岁的尹善道短暂重返官场，但因反对西人派徐仁松（송시열）的观点而再次被罢免。1659年孝宗去世后，尹善道因礼论问题与西人派对立，最终失败并被流放至三水（삼수）。1667年获释后，尹善道返回芙蓉洞隐居，并于85岁时在芙蓉洞园林的乐书斋逝世。[1]

尹善道的一生中，二十多年在流放中度过，19年则是在园林隐居。在他经营的众多园林中，芙蓉洞的隐居时间最长，达13年之久。他在芙蓉洞开始了隐居生涯，也在此地结束了一生，对这里倾注了比其他任何地方都多的心血。他波折的人生轨迹与其刚直不阿的性格密不可分。[2]

尹善道的人生可概括为"出仕即直言，直言即流放"。尽管他未能实现政治抱负，但从他的文学作品《渔夫四时词》（어부사시사）中可以看出，在隐居期间，他与自然为伴，在山水中游玩，从大自然中找到了慰藉。[3]

诗中"渔夫"一词的含义，源自中国战国时期的《楚辞·渔夫》："沧浪之水清兮，可以濯吾缨。沧浪之水浊兮，可以濯吾足。"

在《楚辞·渔夫》中，"渔夫""濯缨"和"沧浪"这些元素具有相似的象征含义，它们都是中韩文化中常用来表示隐居的意象，反映了两种不同的隐居思想。第一种是儒家式的隐居思想，认为在政治清明时可以担任官职，而在政治混乱时选择隐居也是正确的。第二种是道家式的隐居思想，提倡像渔夫那样抛弃世俗束缚，追求一种豁达和自在的生活态度。[4]

"小隐屏"（소은병）的概念源自朱子的"大隐屏"。朱子在其隐居地武夷精舍后置放了名为"大隐屏"的岩石，以此象征其隐居之志。尹善道在自己的居所乐书斋后放置了名为"小隐屏"的岩石，以此比喻自己的隐居志向，与朱子的大隐屏相呼应。

1 정재훈 . 한국전통조경 [M]. 경기도：조경，2005：230.
2 이주희 . 詩品의 風格과 韓國 隱士文化의 建築 [D]. 가천대학교，2016：186.
3 홍광표，이상윤 . 한국의 전통조경 [M]. 서울：동국대학교 출판부，2001：192.
4 李斯言 . 沧浪亭中苏舜钦的隐逸思想 [J]. 大众文艺，2015（19）：257.

尹善道还为此石景作诗："苍屏自天造，小隐因人名。邈矣尘凡隔，小然心地清。"意思是说，碧绿的像屏风一样的岩石宛如自然形成，取名"小隐"源于他人的命名，我与尘世隔绝，心旷神怡。

"小隐"和"大隐"一词最早出现在中国东晋诗人王康琚所作的《反招隐诗》："小隐隐陵薮，大隐隐朝市。"诗中将隐居分为两种：第一种是"小隐"，指离群索居，逃避世俗以忘却尘世烦扰。第二种是"大隐"，指身处朝廷或喧嚣城市中，却能不被世俗所干扰，并与其保持一定距离。尹善道自认其隐居属于"小隐"类型，即远离尘世，独自居住于山林。

洗然亭周围陈设着七块大小不一的岩石，最具特色的是名为"或跃（跃）岩"（혹약암）的岩石。"或跃岩"的名字意味着看似要跃起却尚未跃起，仍留于莲花池中，象征着尹善道虽已脱离世俗，但仍有进朝为官的愿望。其中还包括"卧龙岩"（와룡암），取自诸葛亮的别号"卧龙"。诸葛亮在隐居多年后遇见明君，重新出仕，尹善道借此来比喻自己焦急等待明君到来之心。总体而言，尹善道隐居于园林是为了摆脱政治带来的失望和烦闷，但他始终未能摆脱士大夫的责任感，因此其隐居具有儒家式的特征。

芙蓉洞园林位于韩国全罗南道莞岛郡甫吉岛芙黄里，即韩国半岛南部的小岛上。园林中的建筑和景观巧妙地分布在岛上的自然景观中，主要景点包括格子峰（격자봉）、朗吟溪（낭음계）、薇田（미전）、石田（석전）和距离主山 2km 的案山（안산）。朗吟溪水深而清澈，从南向北流入大海，其下游在洗然亭（세연정）处形成了美丽的景色。[1]

尹善道的五代孙尹炜（윤위）在《甫吉岛记》[2] 中描述园林周边景色时提到走入芙蓉洞，其开阔平坦的地形使人短暂忘却山外的大海。溪谷里郁郁葱葱的老山茶林，以及稀疏分布的柚子树、栗子树、石榴树、寒兰和竹林。鱼儿在清澈的朗吟溪中悠然游动。偶尔，山脊上有兔子和獐子奔跑，山鸟的叫声打破了寂静。[3]

甫吉岛尹孤山别墅的山石景观主要是自然形成的。为了观景，对自然景观要素

1　정재훈 . 한국전통조경 [M]. 경기도：조경，2005：230-231.

2　《甫吉岛记》是尹道善的第五代子孙尹炜（1725～1756年）在尹道善去世78年后，1748年考察甫吉岛时详细记录园林相关内容的文章。

3　정재훈 . 한국전통조경 [M]. 경기도：조경，2005：230-231.

进行了轻微的地形调整，如建造人工池塘。与同时代韩国其他园林种植大量桃树、梅树和莲花等外来植物不同，此园林未见明显人工种植痕迹，主要以当地植物为主。园林建筑特点包括：布局分散、使用易取材的本土材料、外形朴素简单且几无装饰，与自然环境和谐协调。此外，大多数建筑基座较高，设有深檐廊，便于从内部俯瞰周围风景。[1]

芙蓉洞园林的自然连接性特征体现在采用借景技法，将人工建筑与自然景观巧妙连接。园林中的建筑多为高基座且周围配有宽敞的檐廊，园主常在檐廊上欣赏风景、吟诗思索。典型的例子包括乐书斋、曲水堂和洗然亭等建筑（表4-15）。

韩国普吉岛芙蓉洞园林空间结构特征　　　　　　　　表4-15

借景园外自然风景		
与自然的连接性		
	洗然亭	

来源：作者自摄

《甫吉岛记》详尽记录了园林的建造历史、空间布局、园主尹善道的日常活动，以及尹道善对园林的评价。芙蓉洞园林主要分为四个区域：乐书斋区、曲水堂区、洞天石室区和洗然亭区。乐书斋区域是尹道善的居住地，曲水堂用于静心学习，洞天石室区域供休养、观景、思考和自省，而洗然亭区域则是休憩和娱乐之所（表4-16）。在《甫吉岛记》中，尹善道评价，曲水堂干净纯粹，使人得以保持自我；洗然亭既繁华又清净，是园中最快乐的地方；洞天石室堪比神仙世界。……山脊上横卧着巨

1　정동오.특집：보길도 지역 고산 문화유적 조사 연구：고산 윤선도의 별서생활（別墅生活）과 부용동원림（芙蓉洞苑林）의 지원에 대한 고찰 [J]. 고산연구, 1989（3）.

大的岩石，中央高峰处有似耕地般的垄痕。[1]这表明园林中存在具备栽培功能的石田。芙蓉洞园林地处偏僻，人迹罕至，即便无围墙，也鲜有外人涉足。其主要使用者为园主、家人和少数弟子。因而，园林空间显现出显著的私人性（表4-17，图4-16、图4-17）。

韩国普吉岛芙蓉洞园林活动区域分析　　　　　　　　　　　　　表4-16

区域	场所	《甫吉岛记》中对应的内容	活动
乐书斋区域	乐书斋	穴落自格紫峰三折而有小隐屏，下为乐书斋	起居
	无闷堂	乐书斋三间而又构外寝于乐书之南，又构东西窝于二寝之间，常居外寝而取遁世之义，扁曰"无闷"	起居
	书斋	每鸡鸣俱起，扶策至乐书寝所，候公冠带进，问安否，必以次入讲，陪诵口授，其下数人，诸公受学而退。当午又一问安，夕后又问安，待公寝然后各退。读书之暇吟咏唱和	修身 起居 讲学
	小隐屏	坐此则一洞之巨细	观景
夏寒台		亦不见遗址，盖在夏寒之东往来洗然时休憩处也	休憩
静成庵		东有小石，恰受一座，公每扶杖倚踞，欢咏忘返	吟诗/观景
升龙台		夏寒台之西，两坡之中，……潇洒公爱之，时常来往	吟诗/观景
曲水堂区域	曲水堂	公绝爱之，以为芙蓉第一之胜，仍架屋其上，时常来游坐此。亦俯临全壑，平对格紫乐书轩房，瞭然罗眼底，有时与无闷举旗相应，有时攀行岩石，步履甚轻，年少健步者莫及焉	修身
东川石室区域	石室	公绝爱之，以为芙蓉第一之胜，仍架屋其上，时常来游坐此。亦俯临全壑，平对格紫乐书轩房，瞭然罗眼底，有时与无闷举旗相应，有时攀行岩石，步履甚轻，年少健步者莫及焉	修身/俯瞰景色/登山

---

1 문화재관리국.부용동（芙蓉洞）윤고산（尹孤山）유적（遺蹟）[M].문화재관리국，1985：23-47.

区域	场所	《甫吉岛记》中对应的内容	活动
洗然亭区域	洗然亭	洗然由曲水后麓,甜于静成学官,毋具书。垂小车,随后到亭,子弟侍立,诸姬列侍。置小舫于池中,令童男衣彩服漾舟环回,以制渔父水调等词,缓节而歌。堂上奏丝竹,令数人舞于东西台或以长袖舞于玉箫岩,影落于池,蹁跹中节。或垂钓七岩或采莲于东西岛,日暮回归,至无闷。或张烛夜游,非疾病忧戚,盖未曾一日废也	泛舟/吟唱/演奏/赏乐和观舞/钓鱼/采莲
	呼光楼	天容海色,变幻呈态,故亭之东面一间,别起小楼名曰呼光,公每倚栏眺望焉	倚栏远望

韩国甫吉岛芙蓉洞园林空间使用特征　　　　　　　　表4-17

性质	私人的		活动内容	场所
用途	长期居住、游览、休憩		居住	乐书斋/无闷堂
场所	①乐书斋②无闷堂③书斋④小隐屏⑤夏寒台⑥静成庵⑦升龙台⑧曲水堂⑨石室⑩洗然亭 ⑪ 呼光楼		会友/游览/文艺创作	全园
			读书/思考	书斋/曲水堂/石室
			营农	石田/薇田

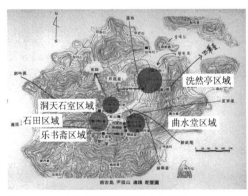

图4-16　甫吉岛芙蓉洞园林景点分布图
来源:韩国文化财团管理库

图4-17 曲水堂区域、乐书斋区域、洗然亭区域、洞天石室区域
来源：圆岛郡厅官网

4.5　尹拯故宅

园主尹拯，字子仁，号明斋和西峰，以学识和德行闻名。他曾多次被举荐至朝廷为官，但均拒绝就职，因此当地百姓尊称他为"白衣宰相"。尹拯于1676年建造了园林，并在此隐居直至去世。[1]

尹拯古宅展现了朝鲜时期礼学家式的典型空间结构。"尹拯或许是走完了除了仕途之外的最典型的礼学者的一生。尽管生活艰苦，他也始终遵循着规矩、礼法和名分。"[2]从他古宅的空间结构中，我们可以窥见他作为礼学家的生活。在尹拯故居附近，可以找到礼学家一生中必需的各种建筑，如宗家、家庙、斋室、祖坟、精舍、学堂、书院、乡校、影堂和旌间阁。[3]

具备讲学功能楼阁正面屋檐上悬挂着写有"离隐时舍"的匾额，而檐廊门上则挂着"桃源人家"的匾额，两者均蕴含隐逸之意（图4-18、图4-19）。"桃源"一词源于中国著名隐士诗人陶渊明的《桃花源记》。

图4-18　离隐时舍

图4-19　桃源人家

陶渊明的《桃花源记》，记载了东晋时期武陵的一位渔夫，顺流划船时偶遇了一片绮丽的桃花林。随后，他继续划船前行，顺溪而上，最终发现了桃花林的源头，即传说中的桃源。在那里，人们过着美满和谐、与世隔绝的生活。渔夫询问他们为何居住此地，他们解释说，为逃避战乱，他们的祖先数百年前来到这里，并代代相传，始终隐居于此，未曾离开。渔夫沿着原路返回，但当他想再次探访时，却再也无法找到这

1　민경현.한국정원문화－시원과 변천론[M].경기：예경산업사，1991：266.
2　김봉렬.김봉렬의 한국건축 이야기 3[M] 서울：돌베게，2012：191.
3　김봉렬.김봉렬의 한국건축 이야기 3[M] 서울：돌베게，2012：192.

个地方。"桃源""桃花源"或"武陵人家"的意象经常作为隐居生活的象征出现在中韩文学中。

"桃源人家"匾额附近的空间布局借鉴了《桃花源记》中的描绘，其中包括厢房内楼阁通向门的狭窄通道，仅容一人通过，与《桃花源记》中"初极狭，才通人"的描述相契合（图4-20）。其次，园林外围的广阔土地和农田，以及内宅后院的竹田和桑田，再现了《桃花源记》中的景象："复行数十步，豁然开朗，土地平旷，屋舍俨然，有良田美池桑竹之属。"[1]尹拯透过陶渊明的"桃花源"，展现了自己对在园林中

图4-20 尹拯故宅厢房阁楼地板空地

暂逃世俗的渴望。然而，作为一位典型的礼学家，他仍坚守儒家"士"的道德，其隐居旨在实现儒家"全道"，而非道家的"存生"观念。

尹拯故宅坐落于忠南论山市鲁城面校村的柳峰山山麓，位于城市外郭，距鲁城邑中心约1km。尽管位于郊野，但相较于韩国其他隐居园林，尹拯故宅周边相对繁华且喧闹。[2]该园林的主要景观有鲁城山（노성산）和风景秀美的玉女峰（옥녀봉）。园林廊院西侧的低洼地区还有一处泉水。园林周边的人文景观包括位于西侧的鲁城乡校和东侧的孔子影堂鲁城阙里祠。尹拯在鲁城乡校任教，并经常在此与来自其他地方的儒士进行学术交流（图4-21）。

尹拯故宅中的山石多为自然要素。然而，园林的厢房前也设有方形人工池塘和小型日式假山。池塘中央设有圆形中岛，院子西侧低洼地带有一处天然山泉。园林内种

1　한종구. 명재 윤증선생 고택의 입지 및 공간배치에 담긴 풍수고찰 [J]. 한국생태환경건축학회 논문집，14（5），2014.

2　홍광표，이상윤. 한국의 전통조경 [M]. 서울：동국대학교 출판부，2001：72.

图 4-21　尹拯故宅周边环境分析图
来源：1872 年鲁城县邑地图

植有莲花、樱花树和白榕树等。内宅后苑种植了竹林，而厢房后院则有花坞和生产性植物，如樱桃、石榴和梅子果树。[1] 园林内的主宅呈口字形布局，厢房呈一字形排列，共同构成了长一字形的总体格局。整体而言，建筑风格朴素，展现了典型的礼学式住宅空间特点。在空间设计中，优先使用本地材料，加工和装饰较少，建筑形态简洁而朴素，且分布紧凑（图 4-22）。[2]

　　尹拯故宅园林的空间隐蔽性特征主要体现在居住空间和休闲空间的有效分隔上。该园林位于山脚下，东北面临山，西南紧靠乡校。正面的厢房和仆人房形成了一道屏障，有效隔离了内院居住空间与外部开放的园林景观，增强了居住空间的隐蔽性。园林空间与自然的连接特征首先体现在借景于园外。例如，园林厢房位于较高的基台上，外侧没有大门，而与内院相连的一侧设有大门。这样构成了一个向内封闭、向外开放的空间，使人能从内部俯瞰园林前院及更远的景观。其次，利用自然元素掩映园林内外空间的界限。例如，内宅后院围墙的内外两侧种植了竹子，使围墙在竹林中隐蔽。这样的设计既具有隐蔽功能，又实现了与自然的顺畅过渡。内宅东侧是一个长方形的封闭空间，其南侧的园墙设有花阶，与后面的山脉相融合，自然地连接了园林内外的空间（表 4-18）。[3]

1　홍광표, 이상윤. 한국의 전통조경 [M]. 서울：동국대학교 출판부, 2001：7.
2　김봉렬. 김봉렬의 한국건축 이야기 3[M] 서울：돌베게, 2012：81-82.
3　정재훈. 한국전통조경 [M]. 경기도：조경, 2005.

图 4-22 尹拯故宅构成要素分布图
来源：韩国文化遗产管理局

韩国尹拯故宅园林的空间结构特征	表 4-18

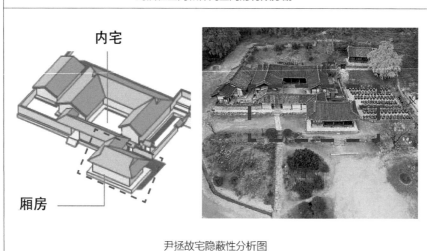

对居住空间和休闲空间的有效分割

尹拯故宅隐蔽性分析图
来源：韩国文化振兴院官网

①借景园外自然风景	②借助自然要素隐藏园林内外空间的边界

尹拯故宅厢房	尹拯故宅后院与内宅东侧

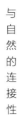

与自然的连接性

园林空间划分为几个区域：厢房区域、行廊区域、内宅区域和厢房前的宽敞院落。厢房区域主要用于园主的研学、讲学和接待客人。行廊区域则为仆人的居住和工作场所。内宅区域供园主及其家人的日常生活之用。厢房前的宽敞院落则是园主休闲娱乐的空间，设有莲池、泉水和石假山。[1] 园林的中心区域由行廊空间围合，并设有围墙。除此之外，其他空间无围墙，且对公众开放，附近乡校的学生常在此玩耍。因此，该园林空间既具私人性又具社会性（表4-19，图4-23、图4-24）。

尹拯故宅的用途特性　　　　　　　　　　　　　　　　　　表4-19

性格	私人的/社会的
用途	久住/学习/休息
内苑场所	①厢房②行廊房③内宅④莲塘⑤水井⑥祠堂

1　홍광표，이상윤．한국의 전통조경 [M]．서울：동국대학교 출판부，2001：72-75.

活动类别	活动内容	场所
居住	日常起居	内宅、行廊房
休闲	招待客人、娱乐、游览	厢房、前院
学习	学习、讲学	厢房
耕作	务农	厢房、后院

图4-23 尹拯故宅功能分区图
来源：韩国文化遗产管理局

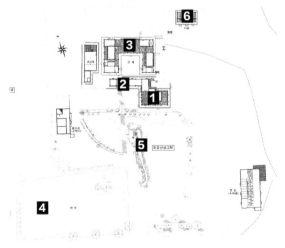

1.厢房　2.行廊房　3.内宅　4.莲塘
5.水井　6.祠堂

图4-24 尹拯故宅景点位置图
来源：韩国文化遗产管理局

5　中韩隐居园林的空间特征比较

中国和韩国作为邻近的东亚国家，具有许多文化上的相似性，尤其是在隐居园林方面。由于两国园林都基于东方独特的隐逸文化，因此展现出显著的文化联结。然而，由于园林的地理环境、历史背景和园主思想理念的差异，中韩隐居园林也各具特色。本章节将基于前两个章节对中韩隐居园林的案例分析结果，比较分析其空间特性并探讨其原因。

具体可以从以下几点进行比较分析：第一，点景题名，通过比较中韩隐居园林中场景或景点的命名，来探讨园林空间中所反映出的文化思想异同，特别是隐逸文化思想。第二，选址相地，比较分析中韩古典隐居园林的选址特点及环境特征。第三，景境意匠，即分析空间构成要素的特征。第四，空间结构，比较分析中韩隐居园林在隐蔽性和与自然联系方面的空间模式异同。第五，隐居活动，比较分析中韩隐居园林空间的基本用途特性，包括主要活动和场所类型等。

5.1 点景题名

中韩隐居园林在点景题名方面的共同特点体现在：它们都以园景园名为核心，创作了包括园林诗、园记和园林画等在内的丰富文艺作品，这些作品具有重要的隐逸文化价值。研究这些文献资料可以揭示园林最初的建造模样，以及园林使用者在其中的隐居活动、隐逸心境、隐居原因和人生思考等方面。另一共同特点是，隐士园主们在命名时经常借用先贤隐士的隐居故事来表达他们的隐居志向，而这些故事主要源自中国。例如，中国的独乐园在园名和景名中就引用了严子陵、韩伯休、陶渊明、白居易等人的隐居故事。寄畅园则参考了庄子、扬雄、谢安、王羲之、陶弘景、陶渊明、王维、孟浩然、白居易等的隐居故事。随园则引用了卢鸿一的隐居故事等。在韩国，独乐堂园林引用了司马光在独乐园的隐居事迹；潇洒园园主梁山甫参考了周敦颐和朱熹的隐居故事；芙蓉洞园主尹善道借鉴了渔夫、朱熹和诸葛亮的故事；尹拯古宅则将陶渊明的隐居文学融入园林空间中（表5-1）。

不同之处在于，首先，与韩国隐居园林相比，中国的隐居园林呈现出更多样化的隐逸哲学观，涵盖了基于儒家、道家、禅宗等哲学隐居理念的隐居园林。如"隐居以存义"的儒家式隐居园林如独乐园和寄畅园，"隐居以重生"的道家式隐居园林如随园，以及摆脱外在形式束缚的禅宗式隐居园林，如辋川别业和履道坊宅园。然而，韩国的隐居园林大多基于儒家隐居哲学，这与朝鲜时期儒家隐逸思想的主导地位密切相关。其次，在题景方式上，韩国隐士园主通常给具体事物命名，从山川建筑到草木岩石，将周围自然人格化，与其为友，共生共存。然而，中国隐居园林的命名方法则专注于园林场景，先在园林中具体地复现隐居典故中的境界和场景，然后直接通过景名来点题（表5-2）。

园名的隐居内涵　　　　　　　　　　　　　　　　　表5-1

国家	园林名	儒家式隐居	道家式隐居	禅宗式隐居	隐居典故
中国	辋川别业			●	—
	履道坊宅园			●	—
	独乐园	●			严子陵、韩伯休、陶渊明、白居易
	寄畅园	●			庄子、扬雄、谢安、王羲之、陶弘景、陶渊明、王维、孟浩然、白居易
	随园		●		卢鸿一
韩国	独乐堂	2/5	3/5	2/6	司马光
	潇洒园	●			周敦颐 / 朱熹
	瑞石池	●			—
	普吉岛芙蓉洞园林	●			渔夫、朱熹和诸葛亮
	尹拯故宅	●			陶渊明

点景题名的隐逸特征比较　　　　　　　　　　　　　表5-2

项目	共同点	不同点	
		中国	韩国
创作形式	创作了具有隐逸文化内涵的园林诗、园记、园林画等	—	—

项目	共同点	不同点	
		中国	韩国
题名内涵	引用先贤隐士的隐居事迹表达自己的隐居志向	–	–
隐居哲学	–	隐逸哲学观多样化	儒家隐居哲学主导
命名方式	–	对园林场景命名	对具体事物命名

5.2 选址相地

在选址方面，中韩隐居园林的共同点包括：均选择临近江河的地方，风景优美且周围环境安静、人迹罕见；园林周围通常有志同道合的朋友居住，且附近设有便于学术交流的场所，如寺庙和书院。在选址上的不同之处在于，中国隐居园林通常选在城内，而韩国的隐居园林则大多位于郊外。这一选址上的差异反映了中韩隐居园林造景理念的不同。中国古典园林以"师法自然"为理念，创造宛若天然的人工山水；韩国园林则受"自然崇拜"影响，尽量减少人工干预。鉴于山水景观是隐逸行为的关键元素，隐士园主通常寻求更自然的造园风格。因此，韩国的隐居园林多建于风景秀丽的郊野，而中国的隐居园林在城内也能找到合适的自然风景地点（表5-3）。

在本书中，位于城内的中国隐居园林案例包括履道坊宅园、独乐园、寄畅园，这些园林尽管位于城市内，却都处于风景优美且自然景观丰富的城市角落。郊外的中国隐居园林案例包括辋川别业和随园。而本书涉及的所有韩国隐居园林案例均位于郊外。

选址的隐逸特征比较　　　　　　　　　　表5-3

分类	共同点	不同点	
		中国	韩国
位置	选址郊野	倾向于选址城内	倾向于选址郊野
周围环境	自然景观要素丰富、远离城市繁华	自然景观较为丰富	自然景观非常丰富
	人文景观要素丰富		

5.3　景境意匠

中韩隐居园林在景观要素与意境营造中都体现了一种朴素的自然观，并将自然景观要素进行了人格化和人文化处理。然而，中国隐居园林致力于最大限度地还原自然要素的本质，而韩国隐居园林则着重于最大限度地保留自然要素的原始状态（表5-4、表5-5）。

在山石要素方面，中国隐居园林主要使用自然山石和人工土山。隐士园主们经常凿池堆山，不仅出于成本和效率的考虑，更因为土假山与石假山相比更贴近自然，能更容易唤起人们对自然山川的回忆。也就是说，园主通过这种方式展现了他们对大自然的向往。与此相反，韩国隐居园林中的山石要素主要是未经雕琢的自然山石。例如，瑞石池中保留了莲池挖掘时形成的奇形怪状的石块。芙蓉洞园林的尹道善和独乐堂的李彦迪经常在园外的山水间徜徉，坐、立或躺在石头上观景和吟诗，并为石头命名，以此寄托他们对山水的情感。

在水景营造方面，中国隐居园林主要采用人工水景，园主们根据地形自然地布置了多种水景。尽管这是中国古典园林的一个主要特点，但隐居园林的园主们倾向于反对奢华，崇尚自然和简朴，因此与其他园林（如皇家园林）相比，隐居园林更强调减少人工痕迹，保留自然特质。韩国隐居园林中的水景主要是自然河流和山泉等。其中也包括一些人工修建的方形莲池，例如瑞石池和潇洒园中的方形池塘。

在建筑要素方面，中韩隐居园林的建筑不仅因地制宜、与山水植物要素有机结合，而且隐士园主们特别强调自然质朴的建筑风格。这一点体现在：园林中的建筑物主要以功能性为导向；常用易得的本地材料或具有隐逸象征的天然材料如茅草和竹子，其中竹篱茅舍常作为隐居的象征；建筑风格倾向于融入当地传统民居风格；主体建筑物通常以朴素外观和简单结构为特点。同时，在中国隐居园林中，较高的建筑物通常用于俯瞰园内景观或借景园外。在建筑布局方面，中国隐居园林通常更为自由随意，很少采用中轴对称布局，也不严格按功能划分空间。这反映了中国隐士园主在摆脱世俗名利之后，追求打破封建礼法束缚，追求一种自然超脱的生活方式。园林在此过程中成为他们回归自然的重要手段。而韩国隐居园林则大多遵循传统礼教，其园林建筑展现出典型的士大夫式布局。

在植物要素方面，受"比德"思想影响，象征高尚品格的植物在中韩隐居园林中占据重要地位。特别是竹子，这种植物在几乎所有园林中占据了最大的面积。接下来是菊花、梅花、荷花和松柏等其他植物。竹子象征着虚心自持、高风亮节和柔中有刚的品格，长久以来被视为中国文人士大夫理想人格的化身。在儒家思想的影响下，竹子的高尚人格形象在古代朝鲜文化中也同样受到文人的推崇。[1]梅花象征着执着、坚韧、孤芳自赏和纯洁，并被视为隐士形象的象征。松柏则象征坚毅、高尚和长寿。荷花既是佛教圣洁之物的象征，也代表清廉和人性的至善。菊花被誉为花中的"隐士"。[2]此外，中韩隐居园林均大量种植生产性植物，园主们亲自参与耕种。在中韩古代社会，结合耕种和读书的生活方式是文人追求的理想隐居场景，这种带有耕作的日常生活营造出一种非功利、非避世的生活意境。同时，这些文人园主们通过耕种活动，寻求内心的安宁，向往更接近生活本源的朴素生活观。

中韩国隐居园林构成要素小结 表5-4

国家	园林名	天然山景	人造土山	天然水景	人造水景	植物
中国	辋川别业	●		●		竹子（最多）、柳树、洋槐树、生产性植物
	履道坊宅园		●		●	竹子（最多）、松树、莲花、菊花
	独乐园		●		●	竹子（最多）、莲花、梧桐树、生产性植物
	寄畅园		●		●	竹子（最多）、桃花、牡丹花、荷花
	随园	●		●	●	竹子（最多）、松树、梅花、莲花
韩国	独乐堂	●		●		竹林（最多）、松林（多）、药艾草田、乌竹田和朱叶树、香树、山茱萸
	潇洒园	●		●	●	竹林（最多）、梅花、菊花、松树、银杏树
	瑞石池	●		●	●	竹子、莲花、松树、梅花、菊花、树木（最多）
	甫吉岛芙蓉洞园林	●		●	●	岛内自然生长的植物
	尹拯故宅	●	●	●	●	竹子（最多）、莲花、樱花树、紫薇树、生产性植物

1 이선옥 . 사군자, 매란국죽으로 피어난 선비의 마음 [M]. 돌배게, 2011：21.

2 曹林娣 . 中国园林文化 [M]. 北京：中国建筑工业出版社，2006.

分类	共同点	不同点	
		中国	韩国
山水要素	尽可能保留要素的自然本性	人工山水景观要素为主	自然山水景观要素为主
建筑要素	功能为主、风格朴素	材质、类型丰富	类型简单
植物要素	具有隐居象征性	-	-

5.4 空间结构

"崇尚隐逸"的中韩文士往往都"寄情于山水"，大自然山水的生态环境成为他们隐逸思想的来源之一，也是隐逸行为的最广大的载体。因此，隐居用途的园林空间不仅需要具备较强隐蔽性，还需与自然保持紧密的连接。园林空间的隐蔽性和与自然的连接性对中韩隐士园主尤为重要。由于造园理念和地理条件的差异，中韩隐居园林在隐蔽性和自然连接性的营造上存在明显区别。中国自宋朝起便推崇"壶中天地"，强调园林的边界；而韩国则基于"自然崇拜"，营造内外一体的园林空间，有意淡化内外界线。在隐蔽性空间的营造上，中国隐居园林致力于在"小天地"中创造更私密的空间，如起居和读书区域，形成围合式空间。韩国隐居园林则努力平衡对世俗的封闭与自然的开放，形成半围合式空间。在营造与自然连接的空间上，中国隐居园林善于创作"师法自然"的人工山水景观，而韩国则利用多变的空间结构连通园外的真实山水。

中韩隐居园林隐蔽性空间共同营造手法包括：①创建狭窄的入口空间，模仿《桃花源记》中"初极狭，才通人，复行数十步，豁然开朗"的隐逸场景；②利用自然景观围合人工建筑，加强内部空间的隐蔽性；③有效区分起居和休闲空间，提升居住区的隐蔽性。不同之处在于，中国隐居园林善于使用具有隐蔽性的传统民居形式，而韩国隐居园林则擅长创建既隐蔽又与自然相连的转换空间。

中韩隐居园林自然连接性空间的共同营造手法是：创建用于借景的建筑物或结构，以连接园林内外的风景。中国和韩国隐居园林在自然连接性上的不同表现为：中国园林顺应自然地貌，适度改造山水，或师法自然创造出宛如自然的人工景观；韩国园林则通过多样的方法模糊园林的内外界限，如利用地形和围墙布局制造难以辨识所在位置的空间，以及使用高大植物和建筑结构（如花阶等）从视觉上连接内外空间（表5-6）。

中韩隐居园林与自然连接性空间营造手法对比 表5-6

类别	共同点	不同点	
		中国	韩国
隐蔽性	丰富性	围合	半围合
与自然的连接性	丰富性	师法自然	连接自然

5.5 隐居活动

中韩隐士们在园林中的居住活动展现出显著的相似性，其共同特征包括：

（1）隐居活动在两国大体相同，可分为五类：日常生活、阅读、耕种、个人游憩、群体游憩（表5-7）。

中韩隐居园林隐居活动小结 表5-7

国家	园名	起居	学习	耕种	游憩
中国	辋川别业	起居	读书、文艺创作	耕种	静坐、泛舟、抚琴、会友、游览、登山、歌唱、吟诗
	履道坊宅园	起居	读书、讲学、诵经	耕种	宴会、诵经、赏乐、喝酒、吟诗、演奏、雅集
	独乐园	起居	读书、著书	耕种	垂钓、种竹、登高、浇花、望景、戏水、游览、雅集
	寄畅园	起居	读书、著书	耕种	宴会、休息、观景、游览、泛舟、捕鱼、喝酒、观演、创作、雅集、吟诗
	随园	起居	读书、著书、讲学	耕种	游览、休憩
韩国	独乐堂	起居	读书、著书	耕种	种竹、远眺、饮酒、清谈、观鱼、登山、垂钓、吟诗
	潇洒园	起居	读书、著书	耕种	思考、登山、赏鱼、营园、赏月、仰卧、散步、游览、吟诗、种竹、静坐、抚琴、饮酒、对弈、小憩、待客
	瑞石池	起居	读书、著书、讲学	耕作	会友、游览、思考
	甫吉岛芙蓉洞园林	起居	读书、著书、讲学	耕作	娱乐、观鱼、赏景、散步、垂钓、游览
	尹拯故宅	起居	读书、著书	耕作	会友、游览、思考

（2）隐士园主的隐居生活多种多样。与宗教隐居不同，他们的目的是远离世俗名利，而非完全断绝与外界的联系。这些活动帮助他们摆脱名利的束缚，通过学术研究和自然游赏寻找隐居的意义。

（3）多数隐居园林设有生产性的农田林地，不仅满足物质需求，也是园主们隐居生活的象征。在中国古代，耕种和读书生活是文人们一直追寻的理想的隐居场景，将田园山水与耕读生活相结合，能够达到一种亲近自然，寄情山水，亦耕亦读的境界。带有耕作劳动的起居生活，能够形成一种不带有功利色彩，也没有刻意避世的生活意境。同时文人园主们也期待通过简单的耕种活动，寻求一种内心的安宁，更接近生活本源的朴素生命观。[1]

但也存在一些差异：

（1）雅集活动在中国隐居园林中比在韩国隐居园林中进行得更加频繁。在隐居园林的社交活动中，雅集扮演着重要角色。雅集特指文人雅士集会吟诗、讨论学术。这些活动既可能是固定成员的团体聚会，也可能是非固定成员的临时聚会。雅集的主要内容包括宴饮、赋诗、阅读、清谈（关于文学、学术和时事的讨论）、赏景、品茶、书法和绘画创作及欣赏、音乐和舞蹈欣赏、游览等。历史上，雅集被视为文人的一项重要习俗。虽然这些活动通常在各类私家园林中进行，但在专为隐居而设计的园林中，这些活动被特别重视，以满足隐士园主的精神需求（表 5-8）。

中韩隐居园林空间使用特征小结　　　　　　　表 5-8

国家	园名	用途	性质	有无耕地	有无雅集	活动范围
中国	辋川别业	临时居住	私人性	○	×	无边界
	履道坊宅园	长期居住	私人性 / 公共性	○	○	园内
	独乐园	长期居住	私人性 / 公共性 / 社会性	○	○	园内
	寄畅园	长期居住	私人性 / 公共性	×	○	园内
	随园	长期居住	私人性 / 公共性 / 社会性	○	○	无边界

1　曹淑娟 . 流变中的书写：祁彪佳与寓山园林论述 [M]. 台北：里仁书局，2006.

国家	园名	用途	性质	有无耕地	有无雅集	活动范围
韩国	独乐堂	长期居住	私人性 / 封闭性	○	×	园内 / 外
	潇洒园	长期居住	私人性 / 公共性	×	○	园内 / 外
	瑞石池	长期居住	私人性	○	×	园内 / 外
	甫吉岛芙蓉洞园林	长期居住	私人性	○	×	无边界
	尹拯故宅	长期居住	私人性 / 公共性	○	×	无边界

（2）中国的隐居园林内部空间的活动范围通常较大，足以满足园主的所有活动需求。园林墙壁明显分隔了内外空间，限制了活动范围，使其仅能在园内进行。相比之下，在韩国，园墙更多用于分隔园林空间的不同层次，而不是为了对内外空间进行明确划分。韩国的隐居园林通常面积较小，园内空间不足以完全满足隐士园主的所有活动需求。因此，园外的可视和可达区域常被视为园林空间的扩展，许多园居活动都发生在园外。

（3）在隐居园林的使用方式和空间性质上，中韩两国存在显著差异。在用途方面，中国的隐居园林有些是为长期隐居而建，如王维的辋川别业，也有些是为"半官半隐"式的短期隐居而建。而在韩国，由于"半官半隐"式的隐逸思想较少出现，因此由此而产生的以短期居住为目的的隐居园林也相对较少。此外，就空间性质而言，中国的隐居园林通常具有更强的社会性，而韩国的隐居园林更倾向于保持封闭性。虽然中国的隐居园林以隐居为建造目的，但它们更倾向于在非功利的层面上对公众开放。相比之下，韩国的隐居园林则更倾向于仅在有限的范围内对外开放（表5-9）。

中韩隐居园林空间使用特征比较   表5-9

项目	共同点	不同点	
		中国	韩国
活动场所	-	以园内为主	以园外为主
活动内容	活动的内容非常丰富	雅集活动频繁	雅集活动不频繁
园林用途	居住用途	有临时居住用途	少有临时居住用途
空间性质	封闭性、私人性、公共性、社会性	较为开放	较为封闭

5.6 小结

在中韩古代隐士文化中，隐逸不是为了避世，而是对世俗生活的超脱，坚持高尚的道德标准，追求不同于世俗的理想境界。然而，现代人明显忽视甚至低估了其社会价值。相较于宗教隐士，文人隐士因不受宗教律法的束缚，他们的隐居生活是以隐逸文化为导向，隐居园林便成为其丰富多样隐居活动的主要场所，对他们具有重要意义。换言之，隐居园林是隐士的生活根据地和精神安息处，在此他们坚守信念，追求真理，排解忧患，疗愈心灵。隐士们将儒家"穷则独善其身，达则兼济天下"、道家"返璞归真，自然无为"、禅宗"超然于物外"等思想体现在隐居园林的设计中。

中韩隐居园林的异同包括以下五个方面：

第一，在点景题名上，两国园林都创作了大量具有隐逸文化内涵的园林诗书画、园记等，并在命名场景和景点时引用了大量先贤隐士的隐居事迹以表达自己的隐居志向。通过这些隐逸文化作品，可以窥见隐居园林的过去面貌和活动情况，以及隐士们在园林里的隐逸心境与思考。不同的是，中国隐居园林中儒、道、禅三种隐居观占据相同地位，而韩国隐居园林中儒家隐居哲学观主导。其次，中国隐居园林往往对场景命名，而韩国隐居园林则对山石草木等具体事物命名。

第二，在选址相地上，中韩隐居园林都位于自然景观优美、文化丰富、人烟稀少之地。不同之处在于，韩国隐居园林多位于远离城市的僻静处，而中国隐居园林多选址于城市内风景秀丽且安静的场所。

第三，在景境意匠上，中国和韩国都在隐居园林中有机地组合了自然要素和人工要素，设计以简朴功能为中心，并大量使用象征高尚人格和隐逸的植物如菊花、松树、竹子等。不同之处在于，韩国多利用天然山石和水景，而中国则多创造假山和人工水景，中国隐居园林中的建筑材料和风格也比韩国更为多样。

第四，在空间结构上，为强化空间的隐蔽性，中韩都采用相似的方式：①狭窄的入口空间；②利用植物或山石等自然元素加强空间的隐蔽性；③通过围墙独立分割休闲空间和生活空间；④选择隐蔽的地点。然而，韩国具有独特的隐蔽性营造方式：①从整体布局的侧面进入园林；②通过过渡空间加强主要空间的隐蔽性。其次，为增强园林空间与自然的连接性，中韩都使用了借景方式。此外，韩国还采用了以下空间设计手法：①通过巧妙的开窗连接内外空间；②对园林内外空间的分割处进行模糊处理；③通过树木隐藏围墙，以连接园林空间与自然空间。因此，可以看出韩国隐居园林在空间结构上较中国更为多样。

第五，在隐居活动上，中国和韩国在隐居园林中进行的日常活动种类和园林主要用途几乎相似。在这些活动中读书、种菜、药草栽培等活动具有隐逸的象征性，但不同之处在于，雅集活动在中国隐居园林中更为常见，因此中国隐居园林的社会开放度相对较高（表5-10）。

中韩隐居园林空间特征小结　　　　　　　　表5-10

项目		共同点	不同点	
			中国	韩国
点景题名	创作形式	创作了具有隐逸文化内涵的园林诗书画、园记等	–	–
	题名内涵	引用先贤隐士的隐居事迹表达自己的隐居志向	–	–
	隐居哲学	–	隐逸哲学观多样性	儒家隐居哲学观主导性
	命名方式	–	对园林场景命名	对具体事物命名
选址相地	位置	选址郊野	倾向于选址城内	倾向于选址郊野
	周围环境	自然景观要素丰富、远离城市繁华	自然景观较为丰富	自然景观非常丰富
		人文景观要素丰富		
景境意匠	山水要素	保留要素的天然本性	人工山水景观要素为主	自然山水景观要素为主
	建筑要素	功能为主、风格朴素	材质、样式丰富	排斥人工
	植物要素	具有隐居象征性	–	–
空间结构	隐蔽性	隐蔽性强	围合式	半围合式
	与自然连接性	与自然的连接性强	师法自然	融于自然

项目		共同点	不同点	
			中国	韩国
隐居活动	活动场所	–	园内	园内／外
	活动内容	活动内容丰富性	雅集活动频率高	雅集活动频率低
	园林用途	居住性	居住临时性强	居住临时性弱
	空间性质	封闭性、私人性、公共性、社会性	封闭性弱	封闭性强

6 中韩隐居园林空间特征的现代应用

在总结中韩隐居园林在点景题名、选址、景观设计、空间结构和隐居活动等方面的特征后，为了将这些特征应用于现代建筑空间设计，需要将其转换成适用于现代建筑领域的专业术语。首先，场所性指的是与场所相关的认同感属性，基于人们体验场所的精神形象。此外，通过理解场所的自然和社会现象，以及解读场所赋予的秩序，可赋予建筑空间以意义。[1] 因此，分析空间场所性时，需要考虑位置和周边环境这两个要素。其次，构建性是指建筑物基于其结构和材料的构造方式，在成为实体后呈现的知觉和审美秩序。[2] 因此，在分析空间构建性时，关键要素包括材料的建造和建筑与场所的关系。第三，物质性主要包括四个方面：材料的物理属性、工艺技术水平和加工方式，以及设计师对材料的创意性使用。[3] 因此，在分析空间物质性时，需考虑的主要元素是材料类型和材料特性。最后，联系性指的是使用者与场所之间的密切相关性。[4] 因此，分析空间联系性时，需关注的元素包括使用者活动、设计师的思想与空间的联系以及内外空间的连接。

根据上述内容对需要分析的建筑要素进行整理，整理结果如表6-1。

空间表现特性的分析要素表 表6-1

项目	要素
1. 场所性	位置
	周边环境
2. 构建性	材料的建造
	建筑与场所的关系

---

1 김성수，최왕돈．한국 현대건축에 나타난 장소성 표현양상에 관한 연구 [J]．대한건축학회 학술발표대회 논문집 – 계획계．2002，22（1）．

2 이상준，김주연，이종세，피터줌터의 공간 표현 특성에 관한 연구 [J]．기초조형학연구．2009，10（1）．

3 Weston，Richard．Materials，form and architecture[M]．Laurence King Pub，2008．

4 이상준，김주연，이종세，피터줌터의 공간 표현 특성에 관한 연구 [J]．기초조형학연구．2009，10（1）．

项目	要素
3. 物质性	材料类型
	材料特性
4. 联系性	使用者活动
	设计师的思想与空间的联系
	内外空间的连接

场所性与隐居园林的选址相地特征相对应，涉及园林的位置以及其周边的自然和人文景观。构建性与建筑材料和建筑场所有关，对应隐居园林的景境意匠特征，包括以水、山石、植物、功能为主的建筑要素，以及建筑的建造场所和布局。物质性关联材料的类型和特性，对应隐居园林中山水要素的自然或人工加工、植物的造景技法、建筑样式等方面。联系性涉及使用者活动、设计师的理念与空间的联系，以及内外空间的互动。这与隐居园林中的活动场所、活动内容、园林用途特征，点景题名中的隐逸哲学、命名方式、表现形式，以及空间结构的隐蔽性和自然连接性相对应（图6-1）。

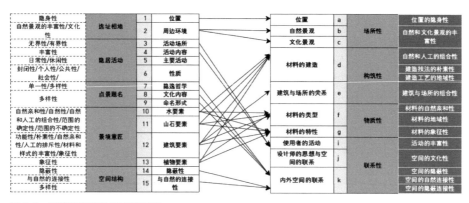

图6-1 现代空间特性导出过程图

对中韩隐居园林在现代语境下的空间特性进行重新审视，场所性涵盖了位置和周边环境两个方面，具有位置的隐身性与自然和文化景观的丰富性。构建性涉及材料建造和建筑与场所的关系。其在材料建造上融合了自然与人工元素，以及朴素的建造方法和具有地域特色的工艺；而建筑与场所的关系具有建筑与场所的组合性。物质性包括材料类型和特性。材料类型特点具有自然亲和性和地域性，而材料特性则显现出象征性。连接性涵盖使用者活动、设计师思想与空间的联系，以及内外空间的连接。这包括活动的多样性，设计师思想与空间的文化联系，以及内外空间的隐蔽性和连接性、隐蔽连接并存性（表6-2）。

隐居园林的空间表现特性 表6-2

类型			特性
1. 场所性	位置	1.1	位置的隐身性
	周边环境	1.2	自然和文化景观的丰富性
2. 构建性	材料建造	2.1	自然和人工的组合性
		2.2	建造技法的朴素性
		2.3	建造工艺的地域性
	建筑与场所的关系	2.4	建筑与场所的组合性
3. 物质性	材料类型	3.1	材料的自然亲和性
		3.2	材料的地域性
	材料特性	3.3	材料的象征性
4. 连接性	使用者活动	4.1	活动的丰富性
	设计师思想与空间的联系	4.2	空间的文化性
	内外空间的连接	4.3	空间的隐蔽性
		4.4	空间的自然连接性
		4.5	空间的隐蔽连接性

6.1　场所性

场所性包括位置的隐身性与自然和文化景观的丰富性。

（1）位置隐身性

具有这一特性的建筑物，往往选址于远离喧嚣的城市边缘，通常位于山野深处或人迹罕至的城市近郊，因此交通便利性相对较低。这些偏远的建筑物自然成为独特之地，通常只吸引那些对其特性有兴趣的游客。由于周边居民稀少且人类活动影响有限，这些建筑在自然环境中几乎不显眼，因此具有一种与世隔绝的隐蔽魅力。随着城市生活节奏的加快和人口密集度的增加，人们日常生活中的私密空间日益减少。因此，越来越多的城市居民渴望逃离现代都市环境，寻求一个远离喧嚣、不受外界打扰的隐秘空间。此外，需求隐私和宁静的宗教或精神活动场所，如禅修中心或教堂，同样寻求这种与外界隔离的环境。因此，这种隐身特质非常适合于构建私人住宅、休闲度假地，以及专注于个人精神成长和内省的场所，如静修庵或艺术家工作室。

韩国的茶山草堂是一个典型的隐居园林案例，坐落于偏僻山野的幽静环境中。这座园林巧妙地隐藏在山腰的茂密林木之中，为园主提供了一个与世隔绝、专注于学问研究的理想环境。这种与自然和谐相处的空间，为居住于此的园主提供了一个既适合隐居又有利于深入学术研究的理想环境（图6-2）。

类似的现代建筑的例子包括彼得·卒姆托设计的圣本尼迪克特教堂（Saint Benedict Chapel）。这座具有教堂功能的建筑位于一座村庄后的溪谷旁，树木环绕的山坡上。孤立的位置和周围的自然景观赋予其显著的隐身性，使其成为一处远离尘嚣的宁静圣地（图6-3）。

图6-2　茶山草堂

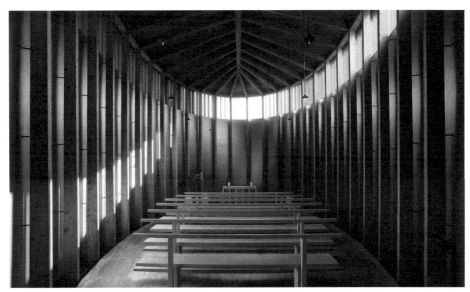

图 6-3　圣本尼迪克特教堂

（2）自然和文化景观的丰富性

自然和文化景观的丰富性意味着所选位置不仅有着多样的山水和植物景观，还拥有独特的历史文化脉络。这涉及丰富的历史遗迹、重要的文化机构，如书院、文化研究所和学术机构等。在这样的文化和自然背景下构建的建筑，不仅是自然环境的一部分，而且是文化环境的有机组成。

韩国的潇洒园，位于溪流旁的半山腰上，是具有自然和文化景观丰富性的典型隐居园林。其周边环境拥有多样的植物种类和形态丰富的水石景，构成了一幅丰富多元的自然景观画卷。这些自然元素如零星散布的玉石，点缀在建筑周围，使整个园林巧妙地隐蔽在其周边的茂盛自然之中。该地区曾是朝鲜时代许多著名文人隐士隐居之地，他们在此建造了多个园林，并频繁地在园林中开展学术和文学交流，促使这里成为当时的文化中心。潇洒园在

图 6-4　瓦尔斯温泉馆

这一文化氛围中占有重要位置，是当时文化背景的一个关键组成部分。

类似的现代案例是彼得·卒姆托设计的瓦尔斯温泉馆（Therme Vals）。这个温泉浴场位于阿尔卑斯山脉，历史悠久，所在地区拥有深厚的温泉文化传统。瓦尔斯温泉馆得以享受该地区壮观的自然景色和源源不断的天然温泉。这个浴场与其周边的自然环境和谐融合，天然与人造美景完美结合。这些独特的地理和文化条件赋予建筑物极高的自然和文化景观丰富性。因此，这个空间不仅是一个建筑胜地，也是当地温泉历史的一个重要章节（图 6-4）。

6.2　构建性

构建性包括自然和人工的组合性、建造技术的朴素性、建造工艺的地域性以及建筑与场所的组合性。

（1）自然和人工的组合性

自然和人工的组合性体现在极力减少建筑施工中对自然环境的干扰，努力保持自然山水的原始美态。这种设计理念旨在维护自然景观的原始魅力，同时巧妙地将其融

入建筑空间内部。采取模仿自然的手法创造人工景观，根据地形特点，将自然与人工元素进行有机整合，这一设计特征在城市中自然景观稀缺的区域尤为关键，不仅用于营造自然风光，还能对自然资源丰富的场所进行更为有效的开发。

中国的独乐园是自然与人工结合的杰出例子。这个隐居园林位于城市中地势较平的区域，其中自然景观本身不多。园主遵循自然原则，在园林中构建了丰富多变的山水植物景观，并巧妙地与建筑结构相融合。园林位于城市中，呈现出一种似乎由自然生成的原始美感（图6-5）。

图6-5 独乐园

在现代建筑中，类似的建筑实例是由韩国建筑大师承孝相设计的某轩和史野园（Mohyeon and Sayawon）。某轩是一个重新翻新和扩建的项目，其原始结构是一座有着40年历史的住宅建筑。这座建筑位于繁忙的城市住宅区，周围缺乏自然景观。为了弥补这一不足，设计师在建筑内部创造了丰富的植物景观，并巧妙地让建筑与这些绿色元素融为一体，实现了自然与人工的完美结合（图6-6）。

图 6-6　某轩和史野园

（2）建造技法的朴素性

　　建造技法的朴素性强调利用当地易于获取的简单材料，避免使用过于华丽或象征身份的材料。建筑及其内部装饰的设计趋向于简约，强调实用性而非奢华。

图 6-7　独乐堂

韩国的独乐堂是朴素建造技法的杰出代表，充分体现了隐居园林的简约美学。该园林选用了本地易得材料，简化了加工和装饰过程，保持了建筑的低矮和质朴特征，以营造舒适和亲近自然的环境。与朝鲜时期传统的士大夫园林追求身份象征不同，独乐堂的设计强调低矮而水平延伸的建筑布局，旨在为隐士园主提供一个与自然融合的舒适隐居空间（图 6-7）。

英国建筑大师彼得·卒姆托设计的个人工作室是一个展现朴素建筑风格的现代案例。该工作室使用了当地常见的落叶松木材，几乎未经加工，以保持其自然质感。这种设计不仅赋予了建筑优雅和宁静的外观，还营造出了一种与世隔绝的氛围。卒姆托通过这种设计实现了他对独立且轻松创作环境的追求，表现了他对自然和简洁的偏好，同时也充分地将建筑与周围环境和谐融合（图 6-8）。

（3）建造工艺的地域性

建造工艺的地域性指的是利用当地特有的建筑工艺，或在这些传统工艺基础上发展新技术，从而创造与当地环境和文化紧密相连的建筑作品。通过这种建造方法和当地建筑材料的使用，建筑不仅在外观上与周围环境融为一体，还在功能和文化意义上与当地传统紧密相连。

中国的独乐园是展现建造工艺地域性的经典建筑案例，它作为隐居园林，完美体

图6-8 彼得·卒姆托个人工作室

现了地域性建筑风格。独乐园内的主要住宅之一"凉洞",体现了传统的本土民居建筑风格,其设计充分考虑了当地的气候特点和文化传统(图6-9)。

在现代建筑中,彼得·卒姆托设计的瓦尔斯温泉馆是一个类似的例子,它利用了传统的片麻岩工艺,结合现代建筑技术,创造了一个与自然景观和谐共生的空间。瓦尔斯温泉馆的建造利用了原有旧酒店的场地,将温泉浴场与历史环境相融合,展示了地域性建筑的独特魅力。该馆采用了当地传统的片麻岩处理工艺,并在此基础上创新,形成了独特的瓦尔斯复合结构(Vals Composite Masonry)工艺,这不仅体现了建筑的地域性,也展示了传统工艺与现代设计的结合(图6-10)。

(4)建筑与场所的组合性

建筑与场所的组合性是指因地制宜地将建筑场所与自然要素、文化要素有机结合。

韩国的潇洒园是体现建筑与场所组合性的一个典型隐居园林案例。这座隐居园林充分体现了因地制宜的设计理念,巧妙地将自然景观与人工建筑融合,创造出和谐统一的空间。潇洒园的设计充分利用了地形的优势,将山水景观和建筑结构有机结合,不仅保留了自然的美感,也增强了文化氛围。这种融合方式为园林带来了独特的美学

图 6-9　独乐园

图 6-10　瓦尔斯温泉馆

价值和深层的文化内涵（图 6-11）。

　　张永和设计的吉首大学综合楼 & 黄永玉美术馆重建项目是展示建筑与场所组合性的现代典型案例。这个项目位于山城，特别之处在于它尊重并恢复了场地原本的自然地形。在重建过程中，部分原先因建设而被改变的山地被恢复，并采用了本地建筑技艺，顺应地形构建建筑。这种方法不仅彰显了与地形的和谐共存，而且创造了符合本地传统的山地街道，展现了建筑与自然环境的完美融合（图 6-12）。

图 6-11 潇洒园

图 6-12 吉首大学综合楼 & 黄永玉美术馆

6.3 物质性

物质性包括材料的自然亲和性、材料的地域性和材料的象征性。

（1）材料的自然亲和性

材料的自然亲和性体现了一种对环境的深刻理解和尊重，这不仅包括对当地天然材料的使用，也包括将废旧材料经过适当处理后重新运用在新的建筑中。这种做法不仅减少了建筑材料的浪费，也增强了建筑与其所处环境之间的和谐联系，让建筑作品更加贴合周围的自然与文化背景。

以中国庐山草堂为例，这个隐居园林巧妙地运用了当地材料，建筑的每一个元素都体现了与自然的和谐共生。其主体建筑用未经加工的木材和竹子建造，屋顶由稻草覆盖，展现了材料的原始美感。这种建筑方式不仅凸显了自然的美，也与庐山周围的自然景观和文化氛围完美融合，彰显了建筑与环境之间的无缝连接（图6-13）。

现代设计的代表案例是由王澍设计的宁波博物馆。这个建筑工程展示了如何将废旧材料转化为艺术与功能。在城市重建过程中回收的古砖和瓦片被用于建造博物馆的外墙，这不仅是对传统材料的再利用，也是对城市历史的致敬。博物馆的外观通过这些材料的运用呈现了独特的质感和色彩，与宁波的城市环境和文化历史完美融合（图6-14）。

（2）材料的地域性

材料的地域性是指利用具有当地地理特征或文化内涵的材料来构建建筑空间。这种方法不仅使建筑在物理上与其所在环境融为一体，还使建筑在文化精神层面上与当地环境相协调。这种设计理念的实施可以通过多种方式，例如选择与地理环境相符的

图6-13　庐山草堂

图6-14　宁波博物馆

本土材料，或选用富有当地文化象征意义的建筑材料，从而使建筑作品不仅在功能上满足需求，同时在美学和文化上与所在地域产生深刻的联系（图 6-15）。

中国的辋川别业园林，是体现这一特性的典型隐居园林案例。该园林的主体建筑文杏馆，使用当地盛产的杏木建造而成。这种选择不仅体现了建筑材料与当地自然资源的紧密联系，而且杏木的使用在文化上具有深刻的寓意（儒家教坛的象征）。文杏馆周围环绕着郁郁葱葱的杏树，使得整个建筑与其所处的自然环境形成一种有机的整体。这样的设计不仅在视觉上提供了自然美的享受，也在文化层面上反映了对自然与人文的深刻理解和尊重（图 6-16）。

在现代建筑的实例中，马清运设计的"父亲的房子"是一个突出的案例。这座私人住宅的外墙采用了当地常见的天然鹅卵石，这种材料不仅在视觉上与辋川边自然的巨型鹅卵石相协调，而且在文化和历史意义上与当地环境相融合。马清运在设计中巧妙地融合了传统的鹅卵石建筑技艺和现代建筑工艺，创造出既具有地域特色又富有现代设计感的独特建筑作品，这也反映了他对地域文化和现代设计理念的深刻理解。

图 6-15　辋川别业

图6-16　父亲的房子

（3）材料的象征性

材料的象征性是指使用具有象征意义的材料作为主要建筑材料。这些材料不仅在物理特性上适合建筑用途，还在文化或精神层面上富有深刻的意义。例如，某种材料可能象征着高尚的人格、特定的文化品质或深刻的历史内涵。通过这种象征性的材料，建筑师能够将具体的精神体验和文化寓意融入建筑空间的设计中，使建筑作品不仅是物理空间的创造，更是文化和情感的表达。

中国的独乐园，作为一个材料象征性的隐居园林案例，特别突出了竹子的使用。竹屋在这里不仅是建筑结构的一部分，更是隐喻了园主高尚的品德和追求隐居的精神。这种设计巧妙地将物理空间与园主作为文人隐士的内在精神世界联系起来，使得整个园林的文化氛围与园主的个人追求相呼应。这样的设计体现了深刻的文化理解和精神表达，让独乐园成为一个充满文化内涵和精神象征的空间（图6-17）。

限研吾设计的竹屋（Great Bamboo Wall）是现代建筑中材料象征性运用的典型案

图6-17　独乐园的钓鱼庵

图6-18 竹屋

例。这座建筑坐落在山上岩石之上，完全使用竹子作为建筑材料。竹子不仅是因为其物理特性是建筑设计的常用建材，而且因其在文化上象征着高尚品德和隐居生活而备受推崇。这种设计既实现了建筑的功能需求，也在文化层面上赋予空间深刻的意义，引导游客体验一种特定的精神和文化之旅（图6-18）。

6.4 联系性

联系性包括活动的丰富性、空间的文化性、空间的隐蔽性、空间的自然连接性和空间的隐蔽连接性。

（1）活动的丰富性

活动的丰富性指的是空间能够容纳多种性质的活动，如居住、学习、耕种和娱乐等。例如，居住空间满足日常生活需求，而公共公园和广场提供社交和放松的场所。图书馆和学习室则为专注思考提供安静环境。农耕活动不仅促进自给自足，还满足人们对自然的向往。这种设计理念使使用者与建筑或园林的联系更加丰富和紧密，创造出多功能、多层次的空间体验。

玉山草堂，作为一个典型的隐居园林，展现了活动丰富性的特点。这座园林最初是为文人雅集而建，提供了一系列多样化的活动，如宴会、吟诗、读书、清谈、赏景、品茗、文艺创作、演奏和舞蹈欣赏等。这些活动不仅反映了园主的文化品位和生活方式，还为园林使用者提供了丰富的体验。每个空间都设计有特定的活动用途，使得整个园林成为一个多功能的文化和娱乐场所（图6-19）。

由Studio on Site事务所设计的虹夕诺雅京都（Hoshinoya Kyoto）度假村是活动丰

富性的现代建筑典型案例。这个度假村坐落于京都山中，不仅提供基本的住宿和餐饮服务，还为游客提供了一系列丰富多样的休闲娱乐活动。游客可以在这里赏樱花、欣赏音乐演奏、体验坐禅、插花、学习茶道，或者仅仅是阅读。每个区域都精心设计，以促进身心体验的多样化（图6-20）。

（2）空间的文化性

空间文化性是指通过对建筑设计中颜色、花纹、形态及空间结构的精

图6-19　玉山草堂

图6-20　虹夕诺雅京都度假村

心选择，以满足审美、功能和文化表达的需求。这种设计理念视建筑空间为一种媒介，用以向使用者传达特定的哲学或文化信息，反映了建筑与文化之间的深刻联系。

中国独乐堂中的"钓鱼庵"是这一特性的生动例证。该场所灵感源自东汉隐士严子陵的故事——他拒绝了皇帝授予的官职，选择隐居山林，象征着不慕权贵和高尚品德。通过"钓鱼庵"的设计，园主表达了对严子陵隐居精神的钦佩以及对其隐居生活方式的向往，从而使这个空间成为一种文化和哲学思考的载体（图6-21）。

张永和设计的"垂直玻璃宅"是现代建筑中空间文化性的一个典型案例。该建筑作为《西外滩2013：建筑与当代艺术双年展》的一部分，通过其封闭的水泥墙体和透明的屋顶与地板，体现了一种向自然开放而对世俗生活封闭的设计理念。这种设计不仅是对个人与自然关系的探索，也是对中国古代哲学思考的现代表达。西晋隐士刘伶的"天地是我的居住地，房子是我的衣服"这一观点在此建筑中得到了体现，反映了设计师对天人合一思想的深刻理解和创新性的呈现（图6-22）。

（3）空间的隐蔽性

空间的隐蔽性是指建筑内部空间相对于外部环境的封闭性，包括在更广阔的空间内创造独立、私密的小空间。这一设计特性为使用者提供了一种隔绝世俗喧嚣的环境，非常适合深度思考和个人性质的活动。

韩国潇洒园是这一特性的典型隐居园林案例。园林入口处种植茂密的竹林，并在其间设置了一条狭窄的通道，这不仅加强了园林内部空间的私密性，还为参观者营造了一种由世俗喧闹到郊野宁静的过渡体验。这种布局有效地隔离了外界干扰，同时也为游客步入园林深处提供了一个身心准备的过程（图6-23）。

图6-21　独乐园

图 6-22　垂直玻璃宅

图6-23 潇洒园

贝聿铭设计的美秀博物馆是现代建筑中空间隐蔽性的典范案例。其入口设计灵感源自《桃花源记》，通过逐渐狭窄的空间引导，引发参观者由外向内的心理转变。这一设计巧妙地引导游客从日常生活的喧嚣中抽离，逐渐沉浸于博物馆的艺术世界，实现与作品及自我深度的对话和互动（图6-24）。

（4）空间的自然连接性

空间连接性与隐蔽性相对，强调建筑内外空间的无缝整合。这种设计理念旨在最大化内部与外部空间的交流，从而在有限的建筑范围内极大丰富和拓展使用者的空间体验。

瑞石池是空间连接性的典型隐居园林案例，特别是园林中的敬亭。亭子建于巨石之上，其东南侧围墙低矮，使站在亭内的人能够轻松地欣赏园外的风光。这种设计巧妙地连接了内外空间，让游客在视觉上感受到园林与周围环境的连续性（图6-25）。

安藤忠雄设计的住吉的长屋（Row House in Sumiyoshi）是现代建筑中空间连接性

图 6-24　美秀博物馆

图 6-25　瑞石池

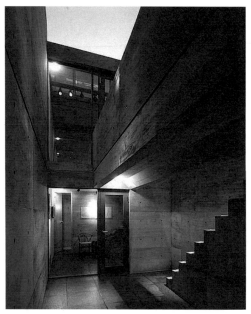

图 6-26　住吉的长屋

的典型案例。这座宅院虽小，却巧妙地包含了一个内部中庭，其中种植了丰富多样的植物。这一设计让居住者在家中便能感受自然的风、光、雨，打破了室内外的界限，从而极大地丰富了居住者的空间体验（图 6-26）。

（5）空间的隐蔽连接性

空间的隐蔽连接性强调在屏蔽城市喧嚣的同时向自然环境开放。这种特性随城市化的加速而变得日益重要，反映了现代人寻求从繁忙城市生活中逃离，同时与自然保持联系的需求。

独乐堂是这一特性的典型隐居园林案例，其中溪亭的设计尤为关键。这座亭子位于自然岩层上，一侧面向园内，可隔绝外界喧嚣；另一侧面向紫溪，将园内与园外的自然景观无缝连接，提供身处园外的感觉（图 6-27）。

安藤忠雄设计的 4×4House 是现代隐蔽连接性的典型案例。这座私宅临近喧闹的马路和铁路，为创造隐蔽空间，设计师在商业街侧仅设置小窗。与此相反，海岸侧则通过全玻璃墙面打开视野，与自然美景连接，形成了一种内外空间的对比和协调（图 6-28）。

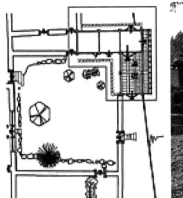

图 6-27　独乐堂

图 6-28　4×4House

参考文献

[专著]

김봉렬 . 김봉렬의 한국건축 이야기 3[M]. 서울 : 돌베게 , 2012.

김학수 . 끝내 세상에 고개를 숙이지 않는다 [M]. 서울 : 삼우반 , 2006.

문화재관리국 . 부용동 윤고산 유적 [M]. 서울 : 문화재관리국 , 1985.

민경현 . 한국정원문화 – 시원과 변천론 [M]. 경기 : 예경산업사 , 1991.

유준영 . 권력과 은둔 : 조선의 은둔문화와 김수증의 곡운구곡 [M]. 경기 : 북코리아 , 2010.

이화여자대학교 . 東亞細亞 隱者들의 美意識과 谷雲九曲 [M]. 서울 : 韓日美學硏究會 , 1999.

정재훈 . 한국전통조경 [M]. 경기 : 조경 , 2005.

조현 . 은둔 [M]. 교양 : 한겨레출판 , 2013.

주남철 . 한국의 정원 [M]. 서울 : 고려대학교출판부 , 2009 : 4.

천득염 . 소쇄원 [M]. 광주 : 심미안 , 2017.

최강현 . 가사 [M] . 서울 : 고려대학교 민족문화연구소 , 1993.

허균 지음 , 민족문화추진회 엮음 . 한정록 [M]. 서울 : 솔 출판사 , 1997.

홍광표 · 이상윤 . 한국의 전통조경 [M]. 서울 : 동국대학교 출판부 , 2001.

（澳大利亚）巴里·斯通 . 隐士的生活 [M]. 秦传安 , 译 . 北京 : 中央编译出版社 , 2014.

（美）杨晓山 . 私人领域的变形 : 唐宋诗歌中的园林与玩好 [M]. 南京 : 凤凰出版传媒集团 , 2008.

比尔·波特 . 空谷幽兰 : 寻访中国现代隐士 [M]. 成都 : 四川文艺出版社 , 2006.

Weston，Richard. Materials，form and architecture[M].London： Laurence King Pub，2008.

（战国）屈原 . 楚辞 [M]. 黄寿祺 , 梅桐生 , 译注 . 台北 : 台湾古籍出版有限公司 , 1996.

（晋）陶渊明 . 陶渊明集 [M]. 逯钦立校注 . 北京 : 中华书局 , 1979.

（南朝梁）萧统 . 昭明文选 [M]. 于平等注释 . 北京 : 华夏出版社 , 2000.

（唐）白居易 . 白居易文集校注 第 1 册 [M]. 谢思炜校注 . 北京 : 中华书局 , 2017.

（唐）李延寿 . 南史 [M]. 周国林等校点 . 长沙 : 岳麓书社 , 1998.

（宋）刘昫 . 旧唐书 4[M]. 北京 : 中华书局 , 1975.

（清）袁枚 . 随园诗话 [M]. 北京 : 北京燕山出版社 , 2010.

（清）胡元瑛 . 重修辋川志 . 中国人民政治协商会议文化历史委员会陕西省兰田县委员会 , 2006.

王英志编纂校点 . 袁枚全集新编 第 13 册 [M]. 杭州 : 浙江古籍出版社 , 2015.

周振甫译注 . 中华书局国民阅读经典丛书 周易译注 [M]. 北京 : 中华书局 , 2018.

曹林娣 . 中国园林文化 [M]. 北京 : 中国建筑工业出版社 , 2006.

陈植，张公弛.中国历代名园记选注 [M].合肥：安徽科学技术出版社，1983.

陈植.中国造园史 [M].北京：中国建筑工业出版社，2006.

程里尧.中国古建筑之美：文人园林建筑（意境山水庭园）[M].北京：中国建筑工业出版社，1993.

何鸣.遁世与逍遥：中国隐逸简史 [M].兰州：敦煌文艺出版社，2006.

蒋星煜.中国隐士与中国文化 [M].上海：中华书局，1988.

刘敦桢.苏州古典园林 [M].北京：中国建筑工业出版社，2006.

马华，陈正宏.隐士生活探秘 [M].济南：山东文艺出版社，1992.

南怀瑾.禅宗与道家 [M].上海：复旦大学出版社，2003.

彭一刚.中国古典园林分析 [M].北京：中国建筑工业出版社，1986.

秦志豪主编.锡山秦氏寄畅园文献资料长编 [M].上海：上海辞书出版社，2009.

任晓红，喻天舒.禅与园林艺术 [M].北京：中国言实出版社，2006.

童寯.江南园林志：第 2 版 [M].北京：中国建筑工业出版社，1984.

王铎.中国古代苑园与文化 [M].武汉：湖北教育出版社，2003.

王澍.造房子 [M].长沙：湖南美术出版社，2016.

王毅.园林与中国文化 [M].上海：上海人民出版社，1990.

文青云.岩穴之士：中国早期隐逸传统 [M].济南：山东画报出版社，2009.

张家骥.中国造园艺术史 [M].太原：山西人民出版社，2004.

周维权.中国古典园林史：第 3 版 [M].北京：清华大学出版社，2008.

[期刊论文]

권순열 . 면앙 송순 의 한시 연구 [J]. 한국시가문화연구 , 2013 (31) : 63-90.

김관석 . 조선시대주거 [독락당] 일곽에 관한 연구 (I) [J]. 건축 , 1984 , 28 (6) : 32-38.

김관석 . 조선시대주거 [독락당] 일곽에 관한 연구 (II) [J]. 건축 , 1985 , 29 (1) : 4-8.

김성기 . 제부 : 서은 전신민 의 독수정과 호남의 충의 [J]. 한국시가문화연구 , 2002 (9) : 182-204.

김성수 , 최왕돈 . 한국 현대건축에 나타난 장소성 표현양상에 관한 연구 [J]. 대한건축학회 학술발표대회 논문집 - 계획계 . 2002 , 22 (1) : 331-336.

김용헌 . 조선시대 도학적 은사 문화 : 퇴율을 중심으로 [J]. 한양대학교 한국학연구소 한국학논집 , 2005 (39): 139-162.

민경현 . 서석지를 중성으로 한 석문 임천정원에 관한 연구 [J]. 한국전통조경학회지 , 1982 ,1 (1): 4-27.

박길용 . 한국정원의 구성요소에 관한 연구 [J]. 한국전통조경학회지 , 1984 , 1 (3) : 185-209.

정동오 . 고산 윤선도의 별서생활 과 부용동원림 의 지원에 대한 고찰 [J]. 고산연구 , 1989 (3) : 101-142.

이상준 , 김주연 , 이종세 . 피터줌터의 공간 표현 특성에 관한 연구 [J] . 기초조형학연구 , 2009 , 10 (1) : 87-102.

위첨첨 , 김재식 , 김정문 . 담양소쇄원 과 소주창랑정 의 조영사상과 경관구성요소에 관한 비교연구 [J]. 한국전통조경학회지 , 2017 , 35 (1) : 36-47.

유홍준 . 나의 문화유산 답사기 10: 전라도 담양땅의 옛 정자와 원림 (2) – 소쇄원 , 식영정 , 취가정 , 환벽당 , 면앙정 , 송강정 . 명옥헌 [J]. 월간 사회평론 , 1992 , 92 (4) : 296.

차문성 . 화석정의 역사 . 문화적 가치와 활용방안 연구 – 역사적 고증과 복원문제를 중심으로 [J] . 博物館學報 , 2018 (35) : 271–305.

한종구 . 명재 윤증선생 고택의 입지 및 공간배치에 담긴 풍수고찰 [J]. 한국생태환경건축학회 논문집 , 2014 , 14 (5) : 81–87.

陈凯 . 古梦溪园初考 [J]. 中国园林 , 1998 (6) : 45–47.

陈连山 . 隐居在中国文化经典中的理论依据 [J]. 中原文化研究 , 2017 , 5 (1) : 8.

陈铁民 . 也谈王维与唐人之 "亦官亦隐" [J]. 东南大学学报 (哲学社会科学版) , 2006 , 8 (2) : 78–81.

褚清磊 , 李令福 . 白居易履道里宅园的景观建设及其布局特色 [C]. 中国古都研究 (总第二十四辑) , 2013.

樊维岳 . 王维经营辋川别业时间初探 [J]. 唐都学刊 , 1994 , 10 (1) : 44–46.

何怀宏 . 孔子与隐士 [J]. 读书杂志 , 1994 (4) : 62–65.

黄晓 , 刘珊珊 . 明代后期秦燿寄畅园历史沿革考 [J]. 建筑史 , 2012 (1) : 112–135.

贾珺 . 北宋洛阳司马光独乐园研究 [J]. 建筑史 , 2014 (2) : 103–121.

李斯言 . 沧浪亭中苏舜钦的隐逸思想 [J]. 大众文艺 , 2005 (19) : 257.

刘再复 . "五四" 理念变动的重新评说 [J]. 书屋 , 2008 (8) : 8–12.

鲁迅 . 鲁迅全集第六卷・且介亭杂文二集・隐士 [M]. 北京：人民文学出版社 , 2005.

毛祎月 . 从王心一归园田居看晚明江南宅园理水的变迁 [J]. 中国园林 , 2015 (3) : 120–124.

孟兆祯 . 中日韩园林的相似性与独特性 [J]. 中国园林 , 2006 , 22 (11) : 26–29.

闵军 . 中国古代隐士略论：兼谈古代儒道隐逸思想之异同 [J]. 中国人民大学学报 , 1993 (2) : 49–55.

乔永强 . "辋川别业" 不是园林 [J]. 北京林业大学学报 (社会科学版) , 2006 (2) : 43–45.

孙丽娟 . 洛阳东都履道坊白居易第宅庭园研究 [J]. 河南教育学院学报 (哲学社会科学版) , 2014 , 33 (3) : 17–22.

王铎 . 白居易的造园活动及其园林思想：兼论洛阳履道坊白氏故里园 [J]. 武汉城市建设学院学报 , 1990 (4) : 1–7.

王国胜 . 隐士和隐逸文化初探 [J]. 晋阳学刊 , 2006 (3) : 66–68.

谢天开 . 苏州沧浪亭文化空间的建构、解构与重构 [J]. 苏州教育学院学报 , 2015 (3) : 25–29.

杨祎雯 . 从 "中隐" 看履道坊宅园对独乐园营建的影响 [J]. 建筑与文化 , 2018 (2) : 4.

赵丹苹 , 王芳 , 薛晓飞 . 清代南京随园复原研究 [J]. 中国园林 , 2019 , 35 (6) : 120–125.

[学位论文]

檀若曦 . 玉山草堂与元末江南文人园居生活研究 [D]. 苏州科技大学 , 2018.

권용철 . 慶州 歸來亭의 建築의 特性에 關한 研究 [D]. 경북대학교 , 2015.

강순영 . 林居十五詠' 의 詩文分析을 통한 獨樂堂 일대의 景觀解釋 [D]. 동국대학교 , 2009.

김태수 . 조선시대 은거선비들의 산수경영과 이상향 [D]. 고려대학교 , 2009.

李義澈 . 朝鮮前期 士大夫文學의 隱逸思想 研究 [D]. 경희대학교 , 2005.

양자 . 조선시대 隱士文化 와 山水園林 의 상호관계에 대한 연구 [D]. 성균관대학교 , 2017.

이주희 . 詩品의 風格과 韓國 隱士文化의 建築 [D]. 가천대학교 , 2016.

安艺舟 . 明代中晚期文人雅集研究 [D]. 中央民族大学，2012.

付焘 . 魏晋南北朝正史《隐逸传》研究 [D]. 湖南师范大学，2014.

郭小稳 . 王维与园林 [D]. 天津大学，2014.

刘文静 . 唐白居易"庐山草堂"营造研究 [D]. 西安建筑科技大学，2015.

禄梦洋 . 唐代洛阳履道坊白居易宅园营造研究 [D]. 西安建筑科技大学，2015.

毛茸茸 . 与君犹对秦楼月：惠山秦氏寄畅园研究 [D]. 中国美术学院，2016.

梅静 . 明清苏州园林基址规模变化及其与城市变迁之关系研究 . 清华大学，2009.

潘颖颖 . 传统山麓私家园林基址环境与空间研究 [D]. 浙江农林大学，2012.

孙培博 . 中国文人园林起源与发展研究 [D]. 北京林业大学，2013.

孙乾 . 王维隐逸思想中的审美意识研究 [D]. 西安电子科技大学，2017.

檀若曦 . 玉山草堂与元末江南文人园居生活研究 [D]. 苏州科技大学，2018.

杨箫凝 . 唐代王维辋川园林研究：基于历代辋川图的视角 [D]. 西安建筑科技大学，2016.

赵睿佳 . 北宋司马光独乐园营造思想与实践研究 [D]. 西安建筑科技大学，2018.

后记

　　隐逸是隐士为坚守和追求真理而主动选择的远离世俗的生活方式。隐逸文化代表了古代隐士对精神世界极致追求。隐逸文化源于中国，历史悠久，并通过对外交流传至日韩等东亚国家。园林作为一种最为贴近自然山水的居住方式，为古代文人隐士提供了理想的居所，在这里他们既可追求隐逸理想，又可避免恶劣环境的困扰。中国的隐居园林始于魏晋南北朝，这一时期隐逸文化兴盛，代表人物如谢灵运等贵族文人隐士在郊外建造庄园以避世。到了唐朝，隐逸文化和园林文化达到鼎盛，城市及近郊开始大量兴建供隐居之用的山水园林。韩国，尤其在朝鲜时期，深受中国隐逸文化影响。面对政治动荡，士大夫们在中国隐逸文化和山水园林的启发下，创建了大量艺术水平颇高的隐居园林，以解决"出与处"的困境。因此，东亚古典园林也成了东方隐逸文化的主要载体之一，它体现了文人隐士的精神追求，促进了文人隐士精神世界的丰富与完善。

　　随着中国经济的快速增长，人们对休闲生活的需求也发生了变化，从过去注重物质丰富多样性的追求，转向注重内心精神自由、文化修养和人格素养的提升，以缓解快节奏生活所带来的压力和焦虑。这与古代文人雅士们在园林中追求隐居的核心理念相一致。隐居园林作为一种独特的空间形式，其设计理念和方法对现代空间设计具有重要的启示意义。尽管现代生活方式极其多样化，但隐居园林所体现的闲适生活方式仍对现代人具有巨大的吸引力。借鉴隐居园林的设计理念，我们可以在现代空间设计中融入更多自然元素，创造出既有现代感又能提供精神慰藉的空间。因此，考察东亚古典园林的隐逸文化特征及隐居空间中的多样化空间类型，并探索其在现代生活中的应用可能性，不仅有助于完善东亚古典园林艺术理论，还能为其在现代城市景观设计中的创新发展提供理论支持。

　　然而，中外当代学者对隐居园林的研究仍显不足，且现有研究大多局限于本国，对隐居园林在文化同源国的发展现状探讨较少，同时也忽视了对其传承和异流特征的研究。因此，希望通过研究为这一领域贡献一些学术力量。希望本研究能为中韩两国在隐居园林领域的学术交流与文化合作提供新的思路和启示，并激发更多学者和设计师关注和研究隐居文化及中韩古典园林空间。

在此，我要特别感谢我的博士导师金柱然教授。他在我整个研究过程中给予了无私的指导和帮助。金教授丰富的学术经验和对隐居园林的深刻理解，使我在研究中不断深入，收获颇丰。他不仅在学术上给予我支持，还在个人成长和职业发展上给予了宝贵的建议和鼓励。

同时，我也要感谢博士后导师蔺宝钢教授。他广博的知识和独到的见解使我在研究过程中不断拓宽视野，深入思考。蔺教授强调学术研究不仅要有理论高度，还要有实践意义，这一理念鼓励我在未来的研究中善用理论与实践相结合的思维方式，并朝着这一目标开展研究。

此外，我还要感谢在研究过程中给予我帮助的同事和朋友，以及在生活中给予我极大支持的家人们。感谢你们的支持和鼓励，让我在面对困难时能够坚持下去。你们的帮助和建议使我的研究得以顺利完成。本研究的完成仅是一个起点，在未来的研究中，我将继续深入探讨隐居园林的更多维度，努力为这一领域的发展贡献自己的力量。

再次感谢我的博士导师金柱然教授和博士后导师蔺宝钢教授，感谢你们在我学术道路上的无私指导和帮助。希望在未来的日子里，在你们的指导下，我能够探索更多有意义的研究课题。

闵歆乐

2024 年 8 月 1 日晚于西安

图书在版编目（CIP）数据

中韩古典隐居园林空间比较研究／闵歆乐著 .—北京：中国建筑工业出版社，2024.6

ISBN 978-7-112-29839-6

Ⅰ.①中… Ⅱ.①闵… Ⅲ.①古典园林—空间形态—比较研究—中国、韩国 Ⅳ.① TU986.62 ② TU986.631.26

中国国家版本馆 CIP 数据核字（2024）第 089864 号

责任编辑：张幼平　费海玲
责任校对：赵　力

中韩古典隐居园林空间比较研究

闵歆乐　著

＊

中国建筑工业出版社出版、发行（北京海淀三里河路 9 号）

各地新华书店、建筑书店经销

北京方舟正佳图文设计有限公司制版

建工社（河北）印刷有限公司印刷

＊

开本：787 毫米 × 1092 毫米　1/16　印张：10¼　字数：179 千字

2024 年 8 月第一版　2024 年 8 月第一次印刷

定价：**58.00** 元

ISBN 978-7-112-29839-6

（42930）

版权所有　翻印必究

如有内容及印装质量问题，请联系本社读者服务中心退换

电话：（010）58337283　QQ：2885381756

（地址：北京海淀三里河路 9 号中国建筑工业出版社 604 室　邮政编码：100037）